U0379810

东南大学建筑设计研究院有限公司 著

Architects & Engineers Co., Ltd.of Southeast University

东南大学建筑设计研究院有限公司

作品选

东南大学出版社 南京

东南大学建筑设计研究院有限公司作品选 2015—2021 编委会

序

Preface

2020 年是东南大学建筑设计研究院有限公司成立 55 周年。该作品集的编辑出版是向中国共产党百年华诞的一份献礼，同时也是为梳理总结近年来的创作成果，向社会、业主、学界、行业同行和朋友们做一汇报，以求交流与批评。

本书收录了东南大学建筑设计研究院有限公司近 6 年来完成的部分代表性设计成果，包括文化、办公、商业、体育、教育、医疗等建筑类型的建成作品和在城市设计、景观设计、道路交通设计及室内设计等方面的创作业绩。这些成果凝聚了公司员工的创作心血，体现了公司奉献社会、服务业主、传承创新、止于至善的品质和风貌，也是公司秉承产学研融合发展，与东南大学各相关学科的领军人物、教师和科技人员精诚合作的结果。

中国的城乡建设已经进入新型城镇化发展的新时期，建筑设计行业也步入转型发展的新探索期。设计业务的边界向综合环境和微观领域不断延伸，建筑业的分工协作关系也不断发生重组重构，社会和市场对设计服务的内容和品质要求不断提高，设计领域的文化担当和科技含量也不断提升。如此种种，都对设计创作提出了更高、更广、更深的要求。6 年来，我们坚持高校设计企业产学研融合发展的理念和特色，在不断加强公共建筑工程设计的基础上，逐步拓展在城市设计、基础设施、风景园林、遗产保护、乡村设计、室内设计等领域的研究、创作和服务，并在绿色建筑、数字化设计、装配式设计等方面取得了可喜的成果，公司的整体实力明显增强。设计建成中国国学中心、人民日报社报刊业务综合楼、金陵大报恩寺遗址博物馆、江苏省园艺博览会（扬州仪征）主展馆、青岛市民健身中心、南昌汉代海昏侯国遗址博物馆等一批标志性重大工程，获各类省部级等优秀设计奖 360 余项，培养产生了新的领军人物和一批新的技术业务骨干。

在第二个百年奋斗目标的战略部署下，建筑业已步入高质量发展的新征程。设计行业面临人居环境可持续发展的多元挑战，文化传承与创新、科技研发与应用、双碳目标与宜居品质，不断催生观念变革与路径探新，不断促进设计创作与科技研发的一体互动。我们将在新的起点上，直面新机遇和新挑战，着力推动理论创新、科技进步与工程创作的有机结合，努力实现设计服务能级与品质的新突破，奋力开创各项事业新篇章，助力建筑行业高质量发展跃上新台阶。

衷心感谢社会各界和同行朋友们对东南大学建筑设计研究院有限公司长期以来的呵护、支持和帮助！衷心期待诸位读者的批评指正！

东南大学建筑设计研究院有限公司首席总建筑师

目录 CONTENTS

中国国学中心

建筑规模　81 362 m²
设计／竣工　2010/2016 年
建筑地点　中国·北京

中国国学中心是“十二五”期间国家重点建设的国家级、标志性、开放性的新型公益文化设施，位于北京市奥林匹克公园中心区。项目建设以弘扬中华优秀传统文化、建设中华民族共有精神家园为宗旨，致力于研究和展现中华优秀传统文化所蕴含的道德、智慧、审美的丰富内涵及其当代价值。项目的功能组成包括公共展陈、教育传播、国学研究、国际文化交流以及配套服务设施五大板块。

中国国学中心建筑设计努力研究并挖掘中国传统建筑的营造智慧与现实合理性，结合当今社会发展的需求，运用建筑科技的最新发展成果，从创作理念、设计方法与技术路径各个方面，探索中华优秀建筑文化的传承、转化与创新。建筑设计的特点体现在“类型学表征”和“性能化建构”两大方面。

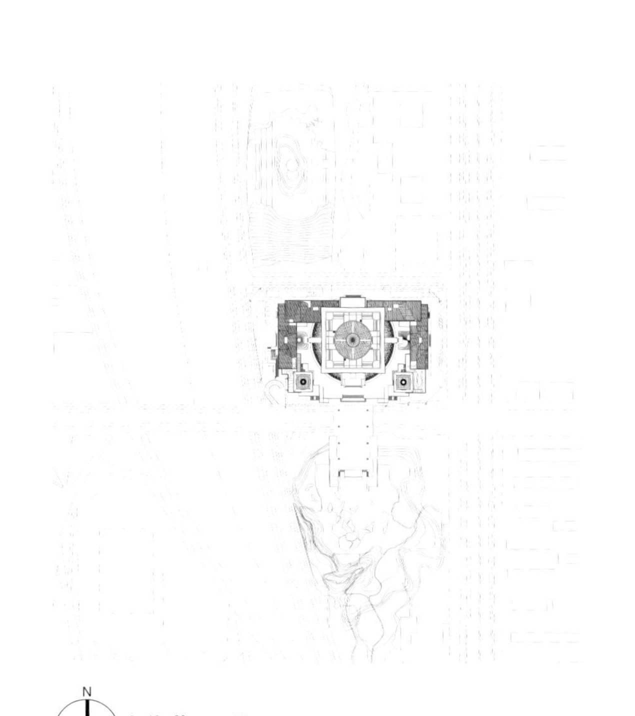

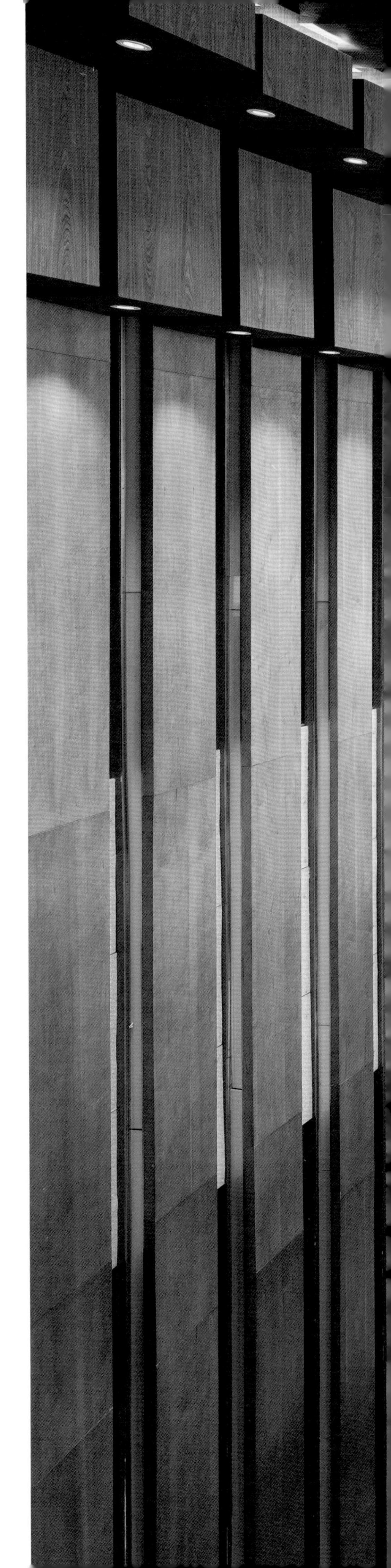

大报恩寺遗址公园及配套建设项目

建筑规模　60 849 m²
设计/竣工　2011/2016 年
建筑地点　江苏·南京

大报恩寺遗址公园及配套建设项目位于南京市秦淮区中华门外，分为南北两个部分：北区以大报恩寺遗址的保护和展示为主体功能。已发掘的山门、天王殿、主殿、塔基、观音殿、法堂、画廊等分布于中轴线上的遗址均位于此区域。南区为三藏殿遗存保护区及文化配套项目。

大报恩寺遗址博物馆是遗址公园的核心建筑，是保护、展示大报恩寺遗址及出土文物，并展陈汉文大藏经及相关佛教文化的大型博物馆。大报恩寺遗址博物馆由一号建筑(大报恩寺琉璃塔遗址保护建筑)、二号建筑（含画廊等遗址保护建筑）、三号建筑（碑亭重建/御碑保护建筑）、寺院内大殿遗址和观音殿遗址的保护和展示建筑、寺院西侧香水河遗址的保护和展示建筑，及相关配套服务管理设施等共同构成的有机整体。

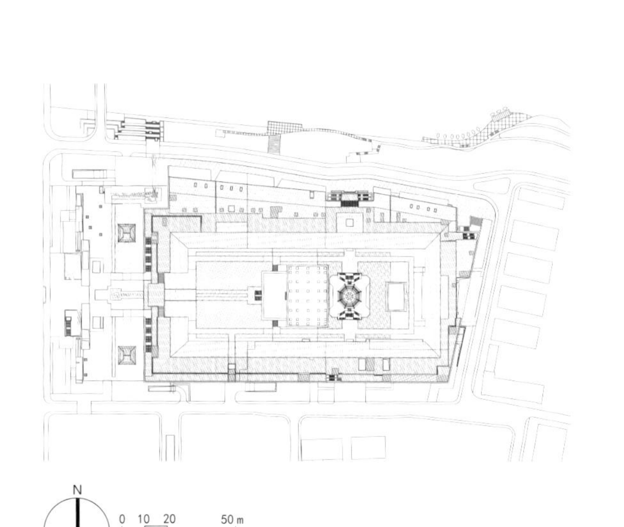

大报恩寺遗址
请勿靠近
小心落水

牛首山文化旅游区一期工程

建筑规模　91 877 m²
设计/竣工　2013/2015 年
建筑地点　江苏·南京

牛首山风景区位于南京市江宁区北部，是以佛文化为主题，集休闲度假、风景游览、文化体验、生态保育四大功能，融历史人文、自然景观为一体的全国知名山地文化旅游景区。牛首山文化旅游区一期工程入口配套区，即景区的东入口游客服务中心，东临城市主干道宁丹路，西枕牛首山，主要承担去佛顶宫等景点参访的人流组织，在景区观览“起承转合”的空间序列中，扮演着“起”和“承”的门户角色。

设计在建筑意象上体现禅宗文化主题，总体抽象撷取简约唐风，回应社会和公众所预期的集体记忆。形态上合理利用地形特点，采用两组连续折叠的建筑体量布局，高低错落、虚实相间，是对山形的呼应和江南灵秀婉约气质的演绎。功能上充分考虑景区入口容量和城市公共广场的合理性，不同层次的场所设计兼顾了参禅人流的礼仪性空间和市民休闲的亲和性空间。

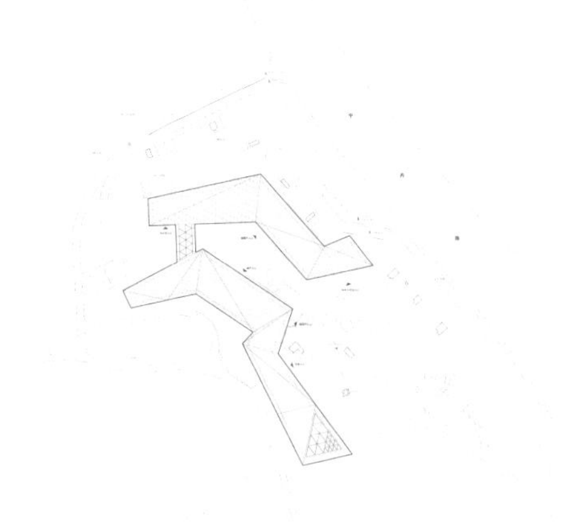

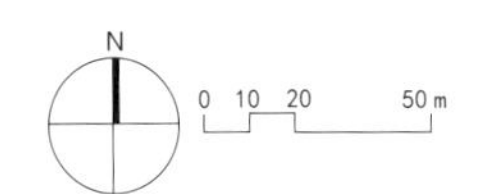

牛首勝景

牛首勝景

江苏省园艺博览会博览园主展馆

建筑规模　14 154 m²
设计／竣工　2016/2018 年
建筑地点　江苏 · 扬州

第十届江苏省园艺博览会选址于扬州仪征枣林湾生态园，其场地地势平坦、依山傍水，东侧为2021年世园会建设片区预留地。主展馆坐落于博览园入口展示区，是园区内最主要的地标建筑和展览建筑，并在世园会期间作为中国馆使用。

主展馆汲取扬州当地山水建筑和园林特色的文化意象，以“别开林壑”之势表现扬州园林大开大合的格局之美。展厅与林壑交织的回游式路径使得建筑与景观、室内与室外充分融合。主展厅建筑部分采用现代木结构技术。主要木构件均由工厂加工生产、现场装配建造，不仅是一种绿色建造，而且还有效提升了施工效率。展厅从入口的集中空间到北侧转变为三个精致合院，游人的观赏序列随层层跌落的水面依次展开。

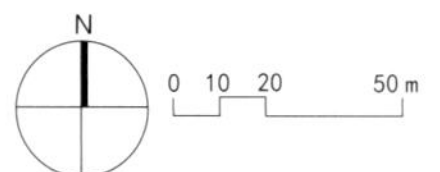

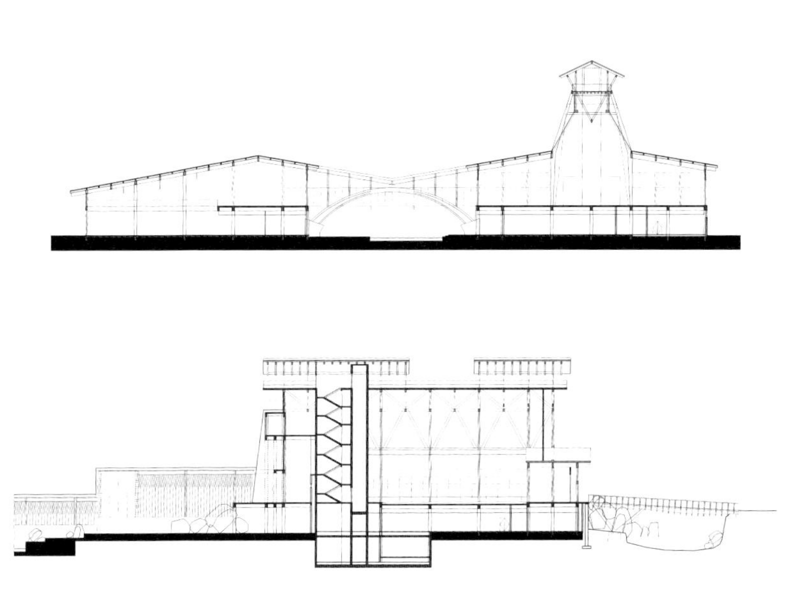

泸州市市民中心建设项目

建筑规模　37 005 m²
设计/竣工　2013/2019 年
建筑地点　四川·泸州

泸州市市民中心建设项目位于泸州老城的重要干道——酒城大道旁。用地距沱江转弯口约750 m，地形起伏剧烈。作为当地重要的文化地标建筑，泸州市市民中心不仅是对内承载文化活动的舞台，更是向外展示泸州酒城文化的窗口。

设计基于对场地内山体生态景观的保护，采用了建筑与自然山体几何同质化策略。建筑以人工山体的姿态呈现，与自然山体穿插互动。建筑空间和形体布局与复杂的地形地貌有机结合，在获得最大化的公共活动场地的同时，使得建筑与山体、人工与自然彼此依存，和谐共生，创建了以立体化步行流线为纽带，室内室外彼此渗透，各功能区域互为补充的文化活动场所。

南昌汉代海昏侯国遗址博物馆

建筑规模　39 250 m²
设计/竣工　2016/2020 年
建筑地点　江西·南昌

南昌汉代海昏侯国遗址位于南昌市新建区铁河乡、大塘坪乡内，鄱阳湖西岸，南距南昌市区约60 km，由海昏侯国国都紫金城城址、海昏侯刘贺墓园、城址西部及南部墓葬群组成，是中国目前发现的面积最大、保存最好、格局最完整、内涵最丰富的典型汉代列侯国都城聚落遗址。

遗址博物馆的设计以考古研究为依据，以遗产价值为导向，以真实性、完整性、永续传承、多方受益四项原则为指导，遵循《保护世界文化和自然遗产公约》与海昏侯国遗址相关保护规划中确立的对场地原有地形地貌进行"整体保护"与"最小干预"原则，最大限度与遗址环境的岗地、水系及反映先民生活、生产的农耕环境相协调，通过地形学的设计路径，塑造大地景观，将博物馆的形体空间复归于大遗址的风土地脉中。

南昌漢代海昏侯國遺址博物館

南昌汉代海昏侯国遗址展示服务中心

建筑规模　9 903 m²
设计/竣工　2016/2020 年
建筑地点　江西·南昌

南昌汉代海昏侯国遗址位于南昌市新建区铁河乡、大塘坪乡内，鄱阳湖西岸，南距南昌市区约60 km，由海昏侯国国都紫金城城址、海昏侯刘贺墓园、城址西部及南部墓葬群组成，是中国目前发现的面积最大、保存最好、格局最完整、内涵最丰富的典型汉代列侯国都城聚落遗址。

作为汉代海昏侯国遗址公园的西南门户，展示服务中心主体建筑位于独洲湖深处。遗址展示服务中心综合容纳了票务换乘、零售服务、展示宣传、观演会议、要客接待、后勤管理等六大功能板块，通过凌空跨越于独洲湖上并喻显汉文化特征的“瑗璧礼天”形态和功能环接、动线流畅的空间组织，为遗址公园西南入口区提供一个设施先进、功能完备，并具有标志性形象的综合性服务设施。

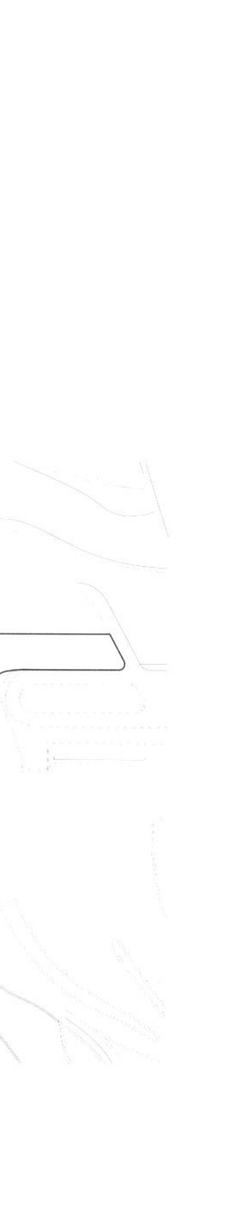

深圳清真寺建设项目

建筑规模　10 864 m²
设计/竣工　2012/2017 年
建筑地点　中国·深圳

深圳清真寺建设项目位于深圳市福田区梅林路东端，南侧毗邻深圳革命烈士纪念碑公园，是为深圳市约7万穆斯林新建的宗教生活场所。原址为梅林临时清真寺，是利用旧厂房改造的临时礼拜场所，礼拜殿可容纳600人礼拜。

清真寺建筑作为一种特殊的宗教建筑类型，需要在融入新的城市环境的基础上满足建筑使用功能和满足特定的中国伊斯兰文化情感诉求。深圳清真寺规划设计缝补了城市空间碎片，融入了整体和谐的城市地段空间格局。建筑体现了岭南地域气候的适应性，符合可持续发展的要求，同时展示了清真寺建筑的新形态、新风貌，融合了深圳开拓、进取、创新、包容的现代城市精神。

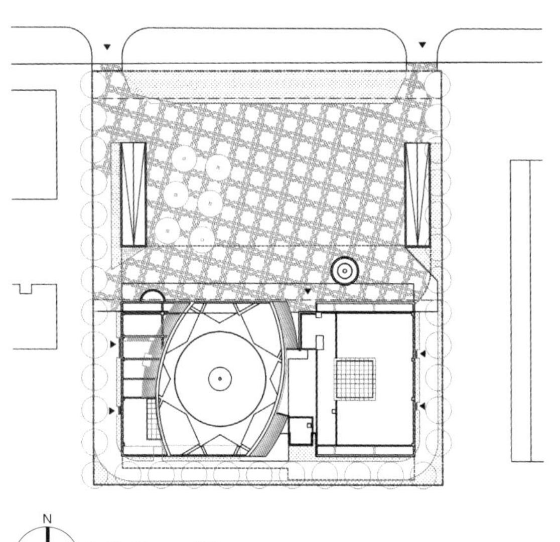

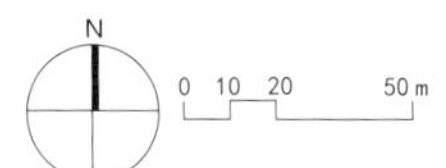

金丰花园
万厦装饰

下停车场入口
2m

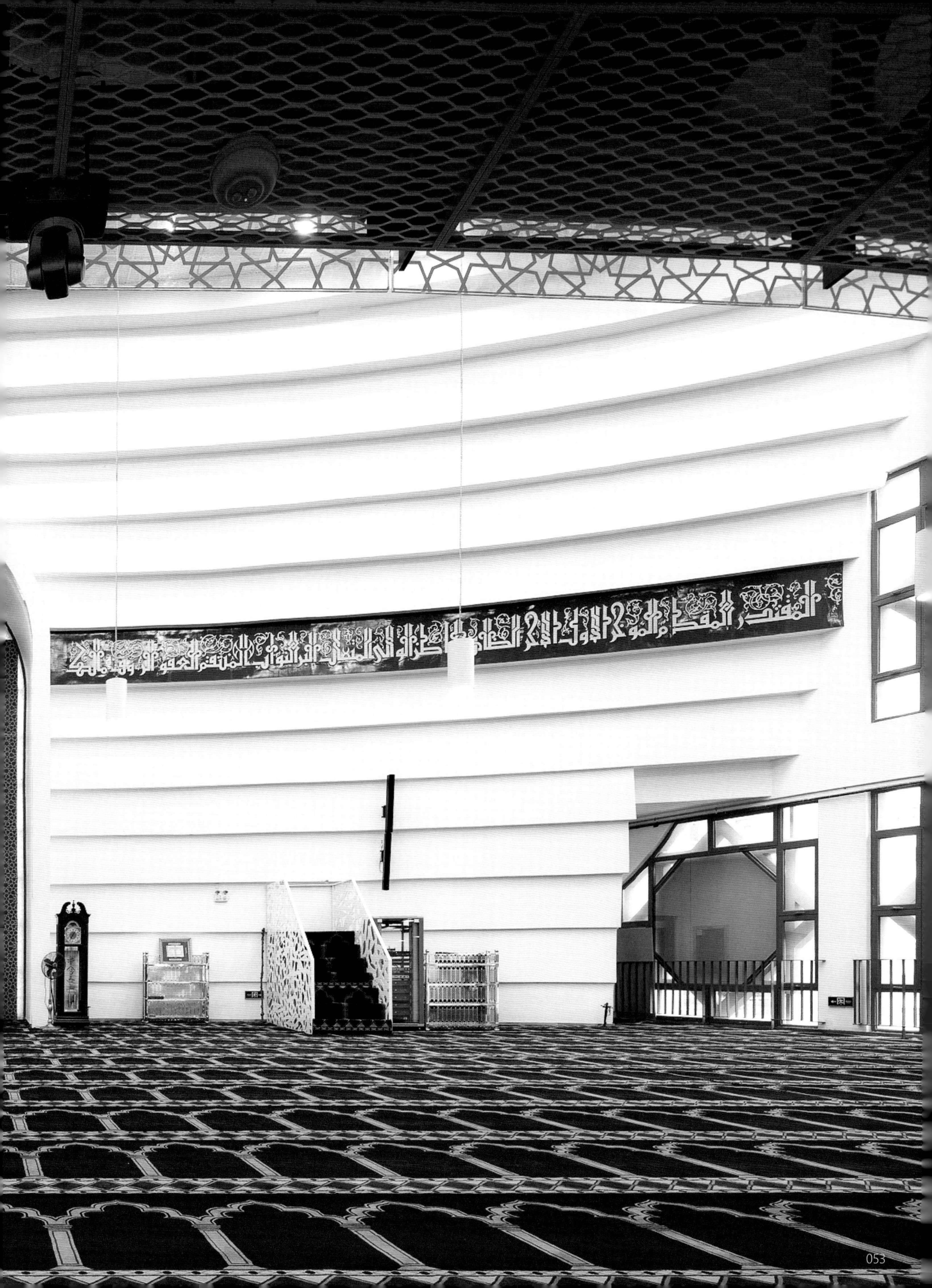

溧阳文化艺术中心

建筑规模　27 536 m²
设计/竣工　2016/2017 年
建筑地点　江苏·溧阳

溧阳文化艺术中心选址位于溧阳市燕山新区燕鸣路与南大街交界处，是溧阳老城区进入燕山新区的重要城市节点，同时还是高铁溧阳站指向燕山新区核心区景观轴线上的标志建筑。区域位置对建筑的形体提出了独特的要求，建筑形体从完整的圆形出发，打造区域内的视觉焦点。

建筑中部切开设置公共大厅连接道路交会口的广场空间和水岸景观，兼具完整性和适应性。两半形体高低相宜，体量均衡，使整体建筑造型层次丰富，活力动感。公共大厅连接两瓣形似玉兰花瓣的形体，构成了建筑的完整形态。建筑形体外倾呼应水景，饱满剔透的体态展现出建筑卓尔不同的艺术气质，优雅流畅的弧线划过燕湖公园树冠之巅。两半形体依据不同的使用功能而生，高低错落，大小相宜。

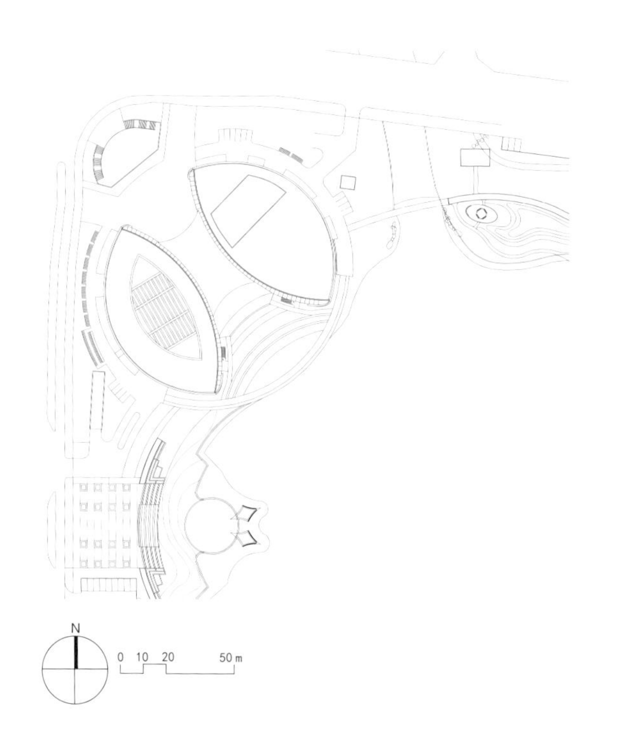

溧陽文化藝術中心

阜阳市规划展示馆

建筑规模　50 400 m²
设计/竣工　2014/2017 年
建筑地点　安徽·阜阳

阜阳市规划展示馆位于安徽省阜阳市城南新区，建设内容涉及规划成果展陈教育、档案资料储藏查阅两大功能类型，内设市规划展示馆、市档案馆、城建档案馆、国土档案馆、房产档案馆五家独立运行的功能主体，是典型的展陈、服务、办公综合体建筑。

建筑设计从阜阳地区出土的国宝级青铜文物“龙虎尊”上雕刻的“双虎同头”形象以及阜阳古城“三清贯颍”的城市格局特征中汲取创作灵感，提升建筑地域文化自信和共鸣。设计巧妙结合内部功能，在东、南两个立面上抽象演绎“虎踞”形象，配合基地东侧中清河景观带，共同打造“虎踞龙盘”的空间格局，寄托了阜阳人民对城市未来发展安定、美好、吉祥的憧憬和愿望。

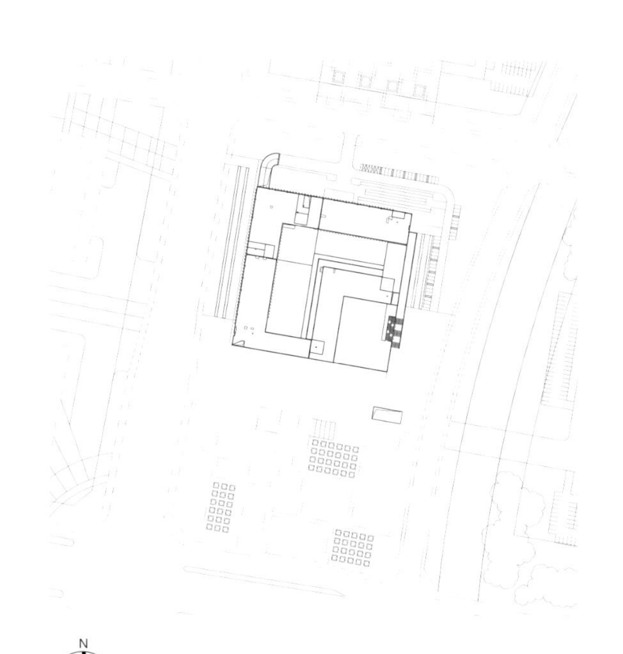

阜阳市

阜陽市規劃展示館

阜阳市规划展示馆
FU YANG

六合文化城

建筑规模　115 930 m²
设计／竣工　2011/2017 年
建筑地点　江苏·南京

六合文化城选址位于六合区雄州组团新城内，处于六合旧城向南发展的必经之地。文化城设计充分考虑和城市道路、轨道交通的衔接，与中央公园、滁河滨河风光带的景观融合，与周边地块的功能互动，合理组织人流车流，带动周边地块共同发展。通过和南面中央公园的有机结合，加上周边其他的公共设施和现代化社区，将本地块打造成为富有特色、充满活力的文教设施聚集区。

作为六合区域最重要的公共建筑群，文化城的设计充分考虑其独特性和文化性，以六合的石柱林、茉莉花、雨花石等文化元素作为构思源泉，最终形态既体现了建筑自身特点，同时又反映了时代精神。整个建筑布局隐喻“六合之和”的概念，既是围合的文化空间，又是六合的文化建筑、文化产业之“和”，更是沟通历史、面向未来的文化之河的映射。建筑群的布局开合有序，空间交错有致，共同构成了富有文化气息的“六合之印”。

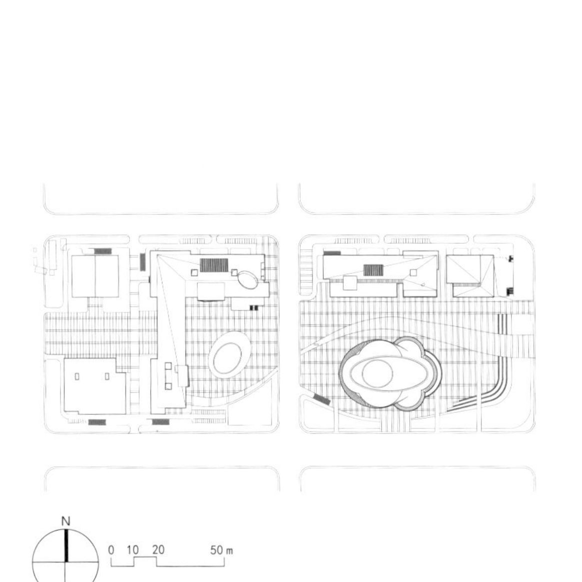

桥北文化中心

建筑规模　67 188 m²
设计/竣工　2011/2016年
建筑地点　江苏·南京

桥北文化中心位于南京市浦口区高新技术产业开发区泰山园区内，西至柳州路，南临泰达路，是江北地区最大的文化艺术中心，也是桥北地区集商业办公、娱乐体育、居住休闲为一体的城市综合体。

文化中心北侧地块为商业用地，建筑限高100 m。从整个街区的城市外部空间考虑，将整个建筑布局尽量贴近南边布置，建筑北侧主楼与体育中心主体育馆一竖一横相呼应，南侧裙房则与东侧体育中心训练馆部分有机组合，共同组成完整的城市界面，同时见证了舒适的城市公共空间。室外地面停车场以及景观广场被安排在用地北侧，与基地北面的规划商业高层建筑间形成开敞区域，有利于形成良好的城市外部环境，同时为东侧的体育中心向柳州路方向保留了足够的视觉空间，使得文化、体育两部分以整体的形态展现在环境当中。

浦口文化中心
鸿学书馆 -1F

入口 C

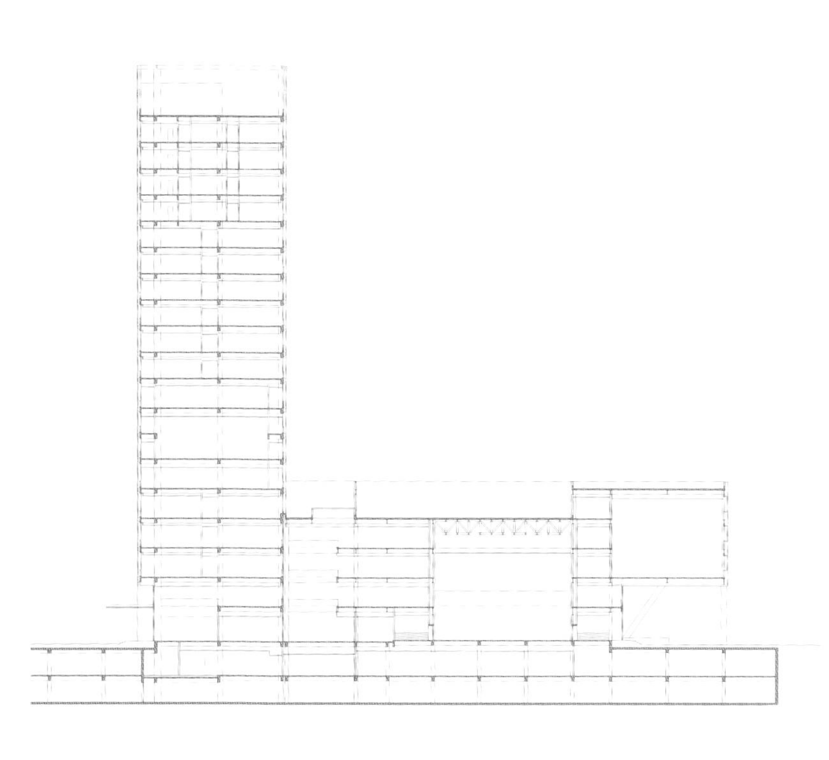

苏州第二图书馆

建筑规模　45 332 m²
设计/竣工　2015/2019 年
建筑地点　江苏·苏州
合作单位　德国 gmp 建筑师事务所

苏州第二图书馆地处苏州古城以北的相城区核心位置，是苏州市政府为解决原苏州图书馆馆舍面积和公共藏书空间不足的问题而决策建设的一座集公共图书馆服务、文献存储集散和配套服务功能于一体的新图书馆。

建筑设计的构思以“书”为原点，图书馆的造型意向来源于旋转叠放的纸张或书籍，以“书页错动”的方式逐层向上旋转倾斜，从建筑形体上寻找与周边道路及环境的关系。建筑底层面积压缩，释放出更多的步行空间和景观空间。建筑体量向上逐层旋转和外倾，也使得上部楼层拥有更宽敞的阅览空间，以及朝向湖面、公园和城市的更好视野。景观设计结合建筑生成逻辑向外伸展，以“书签”的插入作为景观设计的语言，形成统一的设计理念。

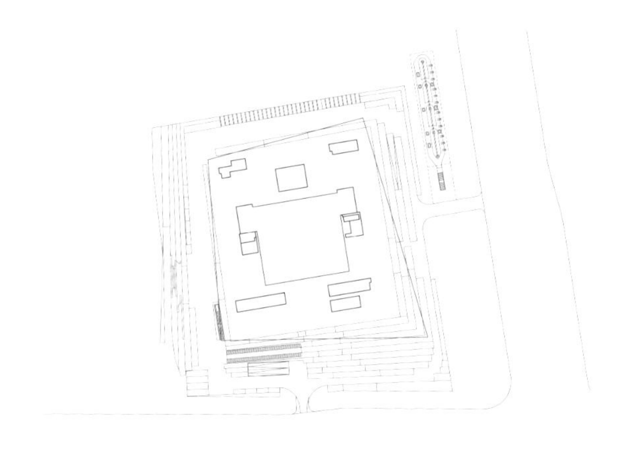

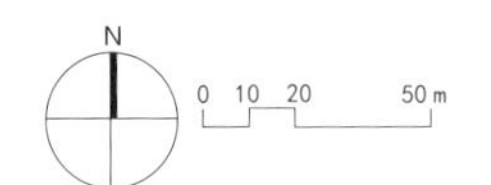

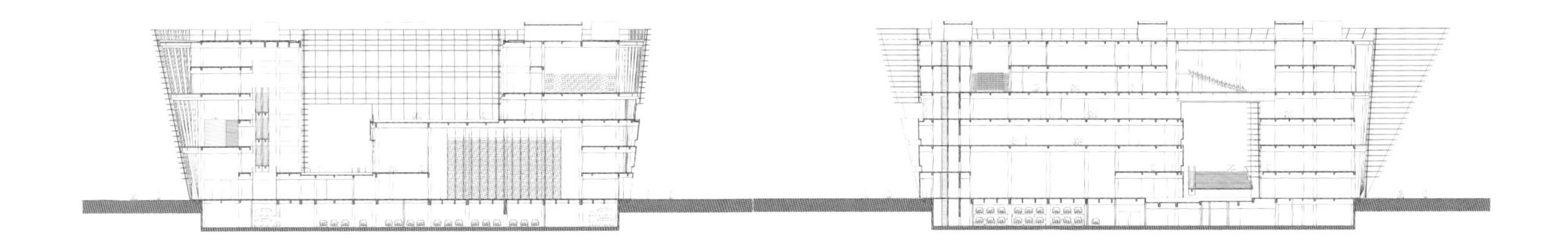

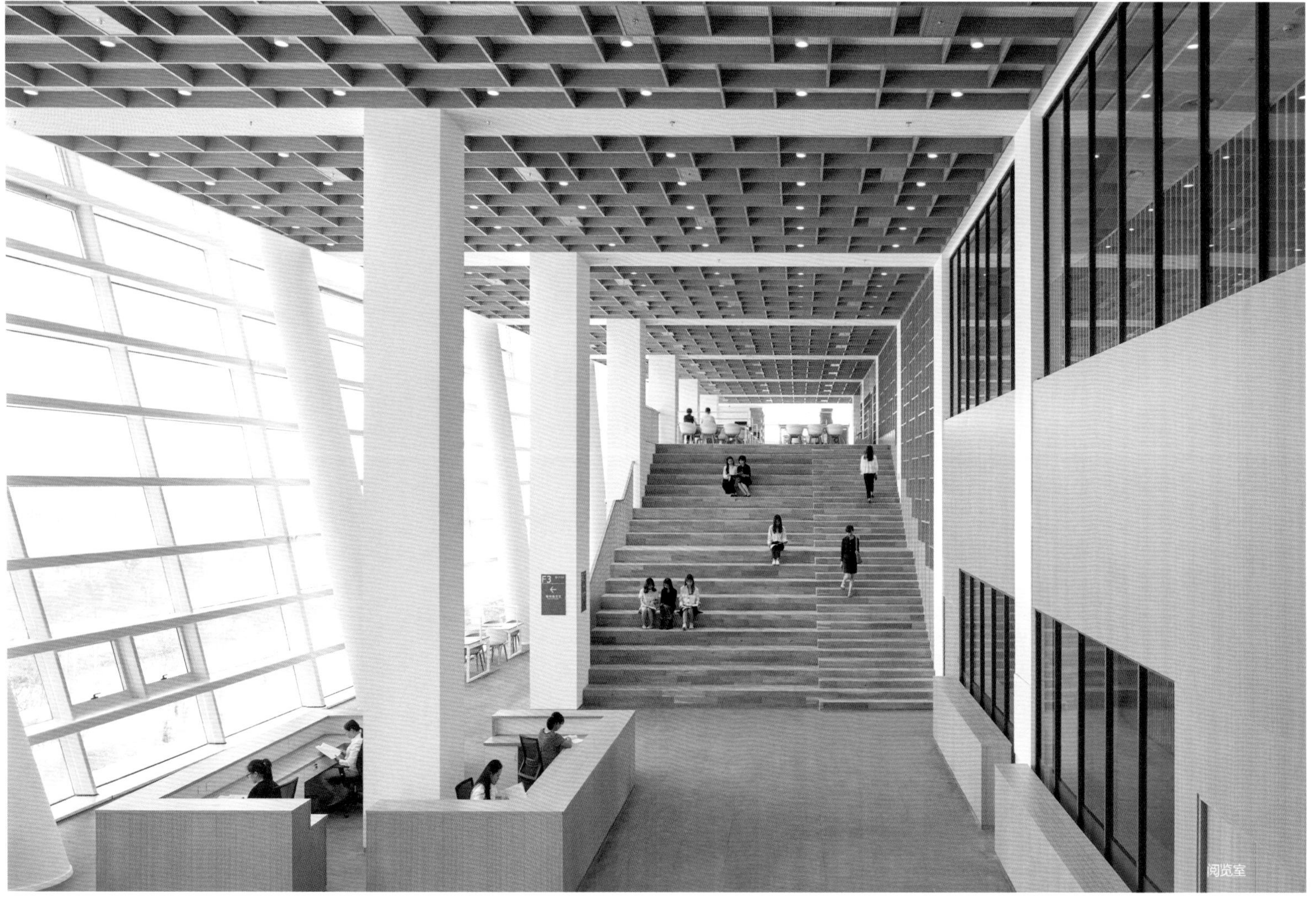

阅览室

翠屏山景区游客接待中心

建筑规模　13 500 m²
设计/竣工　2019/2020 年
建筑地点　四川·宜宾

翠屏山景区游客接待中心为四川省级森林公园——宜宾市翠屏山景区公园的主要配套工程，位于景区公园翠屏山麓与观音岩两山之间的一处山谷用地上。景区以唐代石刻千佛岩和明代千佛寺、观音殿等古迹闻名，是蜀南佛教圣地，亦与蜀南道教文化名山——真武山相连，传说中又为哪吒文化的发源地。

设计选择兼容并蓄的经典圆形，抽象演绎景区深厚悠久的佛道文化。采取生态优先、绿色低碳、“微介入”的整体策略，保留并改造了现状停车场、主题雕塑以及基地原有的部分生态风貌。建筑压低、整体架空，以平缓、谦和的水平天际线形成“连接”两山的景观“廊桥”，实现对场地的最小破坏。架空的策略同时适应潮湿多雨的川南气候，促进并改善场地与建筑的自然通风状况，宽大的挑檐亦可以遮蔽夏季日晒和雨季暴雨。

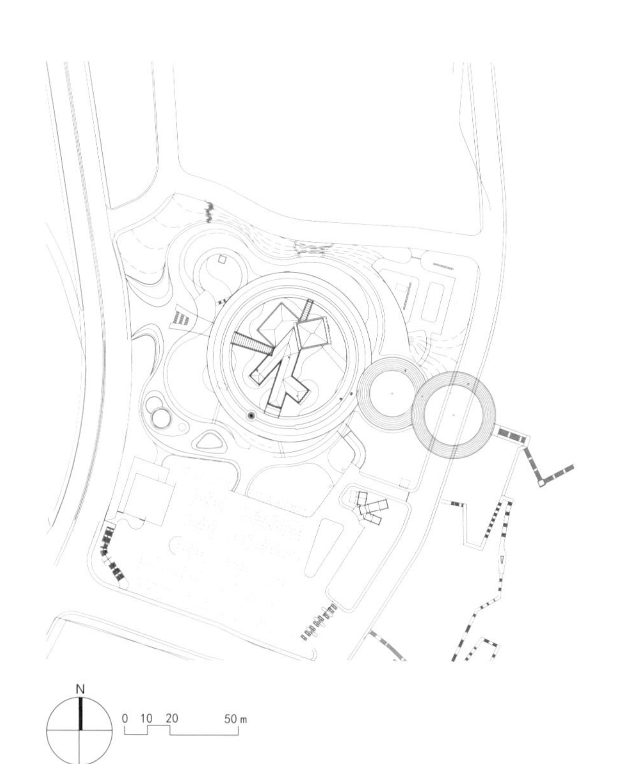

海门图书馆

建筑规模　18 802 m²
设计/竣工　2018/2021 年
建筑地点　江苏·海门

海门市文化中心建设项目位于江海博物馆南侧，长江路以西、张謇大道以东地块。项目包含大剧院、图书馆和博物馆建筑，三馆呈“品”字形布局，大剧院定位“大家闺秀”，图书馆定位“小家碧玉”。彼此有所呼应，又有所差异，“和而不同，卓尔不群”。

海门图书馆设计遵循突出海门特色，坚持实用、人本的原则，深入分析与理解海门地域文化，做到人与建筑，建筑与建筑、建筑与城市之间的协调和谐。方案对海门之江、海地域文化加以提炼，图书馆以微微翘起之屋顶、轻盈绽放之腰身，恰似停泊于长江之滨、生态绿廊之畔、满载知识、蓄势待发、驶向未来之船舶，名曰“江之舟”；大剧院以连绵起伏、挺胸昂扬之轮廓，扬帆起航之神韵，寓意江海波涛、乘风破浪、开拓拼搏、创新向上之海门先民精神，谓之“海之帆”；最后，将已建成的方形的博物馆，抽象为承载着江海、海门古往今来印象的古印章。图书馆、大剧院两建筑以江海文化理念，浓缩为博物馆“江海印章”，诠释出完整文化中心内涵。

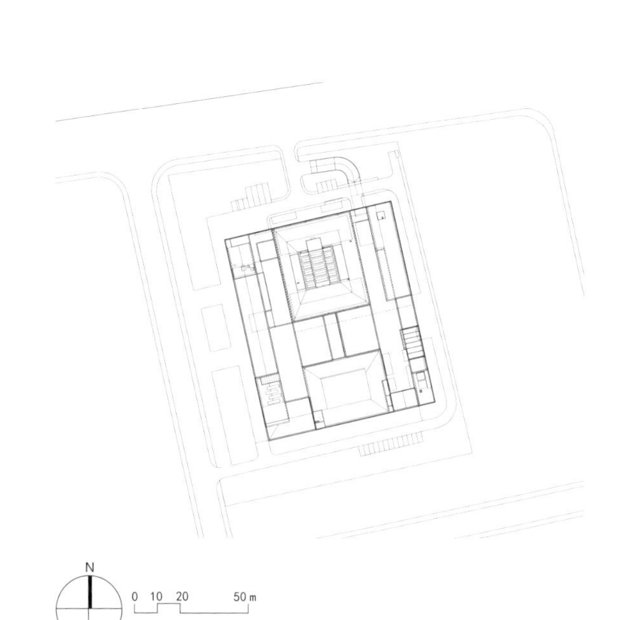

亳州市城市规划展览馆、城建档案馆

建筑规模　31 030 m²
设计/竣工　2012/2017 年
建筑地点　安徽·亳州

亳州市城市规划展览馆位于亳州市南部新区核心位置，东临贯穿南北的城市主轴希夷大道，北临牡丹路及市政公园。作为新区立项的第一栋公共建筑，其定位为全面展示亳州市规划成果，面向社会公示规划，开展规划学术研究与交流；是集展示、宣传、教育、接待、旅游、交流等功能为一体的大型公共性文化办公建筑。

设计力求拓展建筑的内涵与在城市中的角色地位，在建筑中融入丰富的城市生活，既为城市提供向市民展示与让市民参与的窗口，从而促使市民关注了解城市，又提供了多层次的公共空间供市民休憩游赏，从而打造一个贴近市民、富有活力的城市公共客厅。基于对城市发展历史的研究和分析，设计力求创造一座以传统为基石，服务现代，面向未来的融自然与高科技于一体的城市建设规划展示平台、城市教育和文化交流以及行政办公平台。

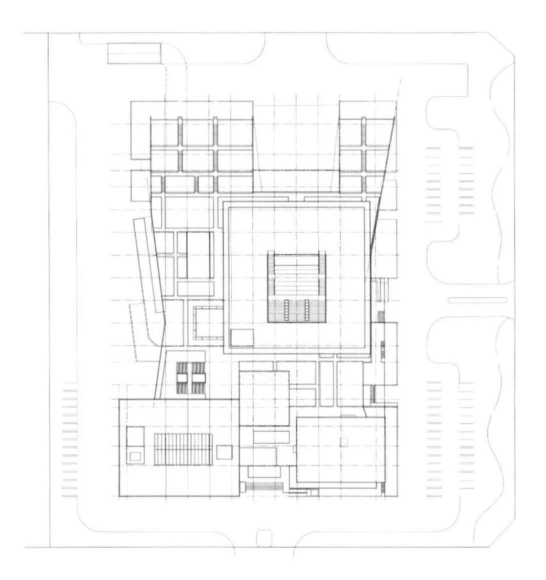

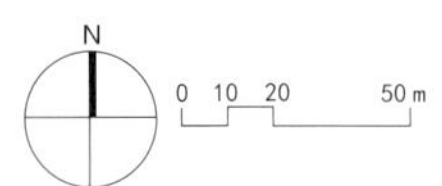

便利店
特色商品店

市展览馆
EXHIBITION HALL

安徽省广德县文化中心

建筑规模　81 150 m²
设计／竣工　2012/2018 年
建筑地点　安徽・宣城

本工程位于广德县新城区政务区内，北侧为纬六路，南侧为纬七路，西侧为桃州南路，东侧为万桂山南路。

本工程为一栋综合体文化建筑。建筑分成东西两翼，顶部通过构架连接成一个整体。建筑西翼由规划展示馆、博物馆、图书馆、档案馆四部分组成；东翼则由文化馆和大剧院两部分组成。项目在建筑造型上采用斜坡形式，建筑从地面缓缓升起，与大地连成一体。建筑中部设置下沉广场，充分利用地下空间，与中央公园、商务金融区、滨河步行街区的地下空间形成一个整体。

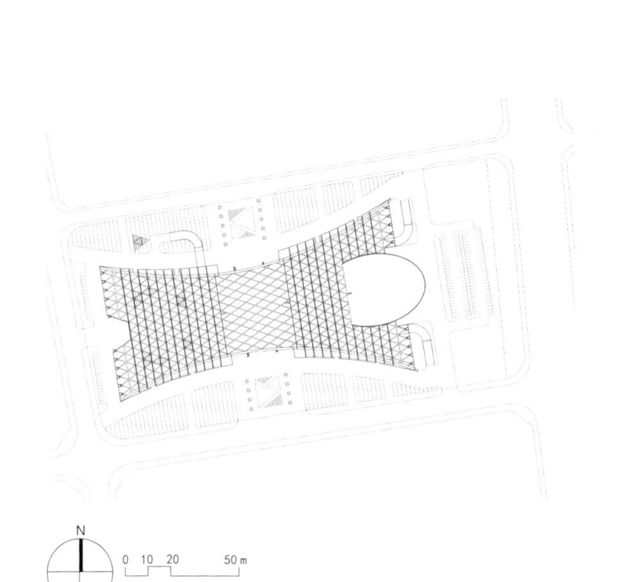

李巷老建筑改造

建筑规模　6 000 m²
设计 / 竣工　2016/2017 年
建筑地点　江苏 · 南京

李巷地处“宁杭生态经济走廊”的溧水界内，属于靠近山地的平原地区。由于靠近城市，“空心化”“废弃化”明显。近年来，依靠蓝莓种植业和特色历史文化吸引了不少游客前来观光，但村落原有的公共设施无法承接日益增长的游客服务需求。

设计中采用“封存”的设计思路，保留、加固和修补破旧墙面，对不宜居住的建筑的“里子”采用技术的手段进行改造。利用村落空间中自然的转折、收放，顺势做了“加减法”，进行了村巷空间的优化。在原本杂乱、荒废的民宅后院之间，梳理出一条“新村巷”。通过“转角有人家”的模式，让这条新村巷两侧并不全是改造过的房屋，村民的自宅也是构成的要素之一。改造建筑并没有被类型化的风格束缚，而是通过加固、修补等技术措施，将自然丰富的建筑外墙墙面“封存”，凸显了李巷村的独特性，并以此作为村庄的记忆展示给游客。

张家界国家森林公园游客中心

建筑规模　6 422 m²
设计／竣工　2009/2014 年
建筑地点　湖南・张家界

张家界国家森林公园是世界自然遗产和文化遗产双遗产景区。游客中心位于张家界国家森林公园内，游客需乘山下的“百龙天梯”垂直上升近400 m才能至此。因选址的特殊性，场地周边皆风景。

建筑功能以餐饮为主，建筑师将多档次的餐厅与场地高差结合设计，其体量逐层递减，故在每层形成较大露台，通过室外大台阶彼此相连，拾级而上恰似山的意象，建筑由此自然融于周边山景。造型吸取湘西民居吊脚楼之独韵，由石砌基座、木结构主体及青瓦覆盖的坡屋顶三部分构成，于风景中进行“湘土”重构。

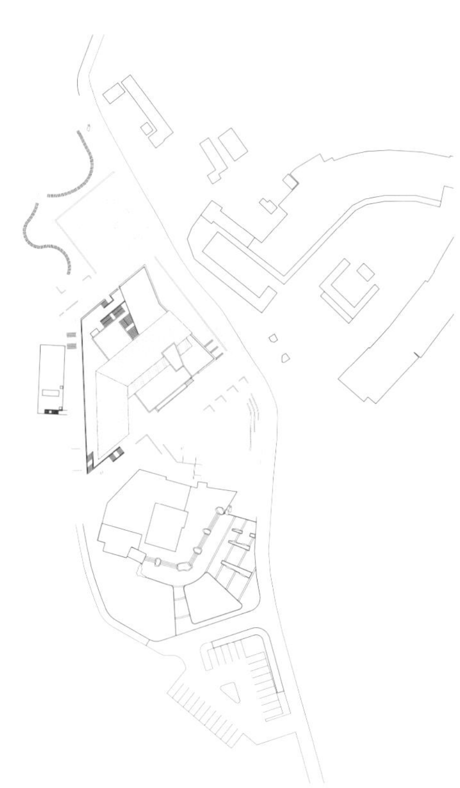

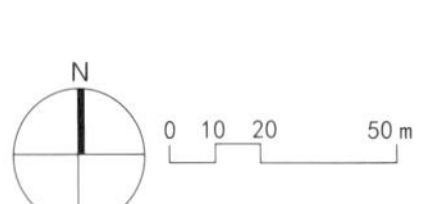

中科院量子信息与量子科技创新研究院一期建筑

建筑规模　252 595 m^2
设计竣工　2017/2021 年
建筑地点　安徽 · 合肥

中科院量子信息与量子科技创新研究院项目基地位于合肥高新技术开发区王咀湖公园南侧科学园内，规划为科研办公区和生活配套区，与中科大先进技术研究院、中科大新校区形成产、学、研的配套体系。本项目是国家发展量子科技的重要战略部署，是安徽省科技创新“一号工程”，也是合肥综合性国家科学中心的核心工程之一。

规划设计从“量子纠缠效应”以及古代哲人的宇宙观和哲学思想中得到启发，以“自然之谐、科学之力、形态之序、活动之宜、均衡之美”为设计理念，希望建设一座满足科研体量的有机生态公园：科研办公区以相互波动交错的形体东西向水平延展，面向城市；利用建筑形体错动关系形成南北两个景观广场；生活配套区沿西侧高压廊道集中布置，尽可能地将景观绿地纳入场地。

N
0　20　40　　100 m

禁止洗衣
禁止钓鱼

人民日报社报刊综合楼

建筑规模 138 400 m^2
设计/竣工 2009/2015 年
建筑地点 中国·北京

人民日报社报刊综合楼是自2008年奥运会之后北京最重要的建筑物之一。设计尝试在当代视野下将传统文化用现代的方式演绎表达，同时在首都CBD方楼林立的格局背景中探索一种城市形态多元化的可能。工程采用了多项节能环保设计方法，建成后总部成为一座高效节能、环境友好型的现代化媒体办公大楼。

大楼作为人民日报社新的标志性建筑，其灵感来源于象形文字中最常见的“人”字，《人民日报》作为中国最具权威性和影响力第一大报，以人为本，表达民声。人字简洁而有力，最能代表报社的特点。中国有古语“天圆地方”，这是古人对宇宙朴素的认识。“天圆”指心性上要圆融才能通达，“地方”指命事上要严谨才成规矩。大楼在立面上也应顺应平面的动势，以自然有机的形态来模拟象形字“人”；同时，作为高层建筑的有机形态在几何上具有较强的规律性和对称性，借助曲线造型从形态上区别于呆板单一的国际式玻璃盒子。

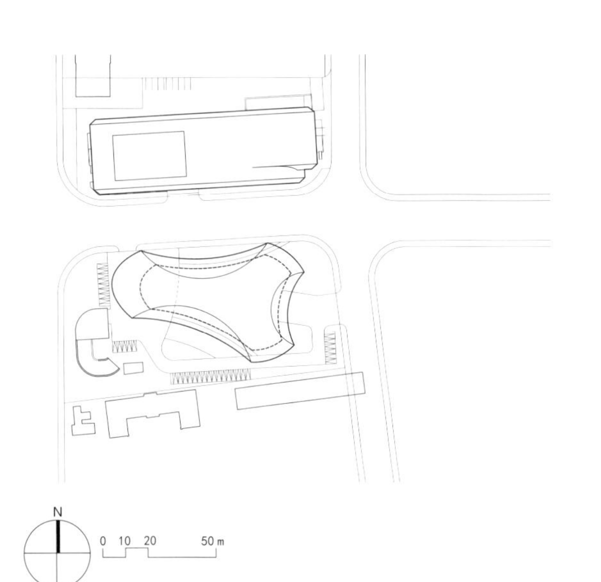

FFC

招商银行南京分行招银大厦

建筑规模　133 567 m²
设计/竣工　2011/2018 年
建筑地点　江苏·南京

招商银行股份有限公司南京分行招银大厦是招商银行南京分行的总部，是招商银行立足南京服务江苏的新基地。项目坐落于南京市河西中央商务区核心区域，建邺区河西大街以北，楠溪江东街以南，庐山路以东，恒生路以西，总建筑面积约13万 m²。该建筑是该地区又一新的地标性建筑。

招银大厦作为招商银行南京分行的总部大楼在满足高档写字楼的功能和技术要求外，理应展现大型金融企业稳健、向上、面向未来的企业形象。设计构思立意“招行之窗、财富之门”，顶层面向东西两侧开放的“招行之窗”面向南京老城和河西新城，承接过去、展望未来。顶部通过局部楼层的内退形成内嵌的视觉效果，强化“窗”的意象。“招行之窗”成为塔楼顶部的重要特色，也是招商银行企业特色的重要表达。设计中所贯彻的设计策略与形式语言以低调内敛的形式区别于周边其他建筑，独树一帜，与众不同，昭示出招商银行引领行业发展、不断进取的企业精神。

Beh
商业银
PARIS BAGUETTE

庐山路 450m
恒山路
富春江东街
450m
黄山路
450m

南京金融城

建筑规模　744 501 m²
设计/竣工　2012/2017 年
建筑地点　江苏·南京
合作单位　德国 gmp 建筑师事务所

南京金融城位于河西中央商务区的核心区位，基地位于河西区新会展中心和江东中路东侧，是一组具有创新性、现代感且优雅美观的金融建筑群合体。北侧两座高层建筑的基座呈不规则四边形，再以“风车叶翼模式”按顺时针方向构图布局于另一侧，由此构成了正方形的地块边缘，正方形之中通过扭转角度再形成一个正方形。

7栋最高200 m的高层建筑构成南京金融城建筑群的“外环”，三栋正方形高层建筑扭转围合，构成“内环”，建筑布局亦遵照了风车模式。内侧的高层建筑构成的边界与外层高层建筑的规划边线协调一致。内环建筑和外环建筑构成了一个协调的整体。东西流向的红旗河、地块中央南北贯穿的城市景观绿轴蜿蜒穿过高层建筑群，与建筑的严谨几何形成鲜明对比；简洁有力的外部景观规划和方直严谨的建筑几何体形成的鲜明对比，整合出南京金融城引人注目的外观形象。南京金融城作为地标建筑，成为具有国际水准的金融企业的聚集地。

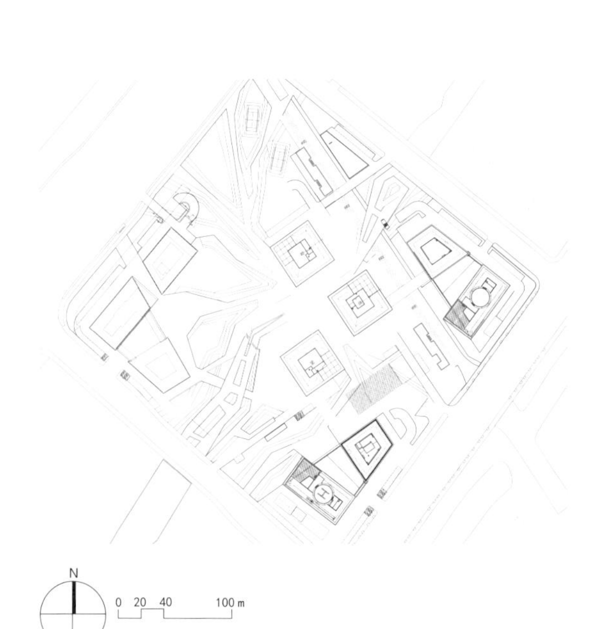

天安人寿
江苏信保集团

南京银行
中国移动

SINOPEC
华东石油局

ZKI
ICBC

常州港华燃气服务调度中心

建筑规模　31 030 m²
设计/竣工　2012/2017 年
建筑地点　江苏·常州

常州港华燃气调度服务中心项目基地位于常州市钟楼区长江东路西侧。作为我国西气东输战略下较早提供地区天然气综合服务的总部大楼，本项目主要包含生产调度、业务受理、热线服务、低碳能源展示、管理办公、图书馆及员工健身房等功能。

设计理念源于能源企业的社会责任，意图塑造一处适应夏热冬冷气候、节约能耗、宣传可持续理念的的能源公共服务中心：建筑功能围绕一个可变的中庭，结合性能化分区进行功能布局，通过形体自遮阳、空中花园、可开启立面与屋顶等手法，形成以空间形态为核心的适应四季的被动式设计方法与策略，从而为项目所在的夏热冬冷地区城市中大量存在的、普适性办公建筑的能耗问题提供一种可行的解决思路。

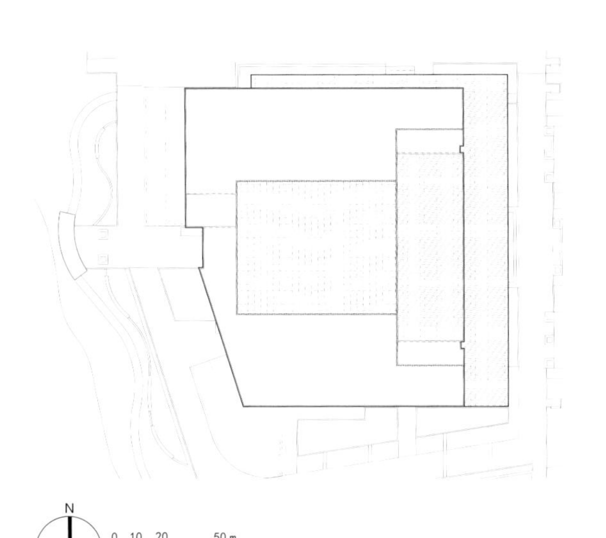

N
0 10 20 50 m

秦淮区宜家南侧地块工程

建筑规模　288 510 m²
设计／竣工　2016/2021 年
建筑地点　江苏・南京

本项目规划设计难点在于巨大的建筑容量与科创园内部环境之间的矛盾。本案将全部功能拆分为7栋单体，建筑尽量贴边布置，中心区域围合出共享景观交流空间。拆分后的建筑群体组合从城市界面看相对灵活通透，减少对城市的压迫感。

建筑在立面处理上进一步强调对尺度的化解，通过水平向的错动分段，使得建筑体量关系与两侧的宜家、红星美凯龙更加和谐，同时，建筑的局部色彩也与宜家相呼应。

横向错动的体量灵感来自堆叠的书本，立面上渐变的竖向型材则借鉴了古琴弦的细腻，故谓之“秦淮书谷，金陵琴韵”。

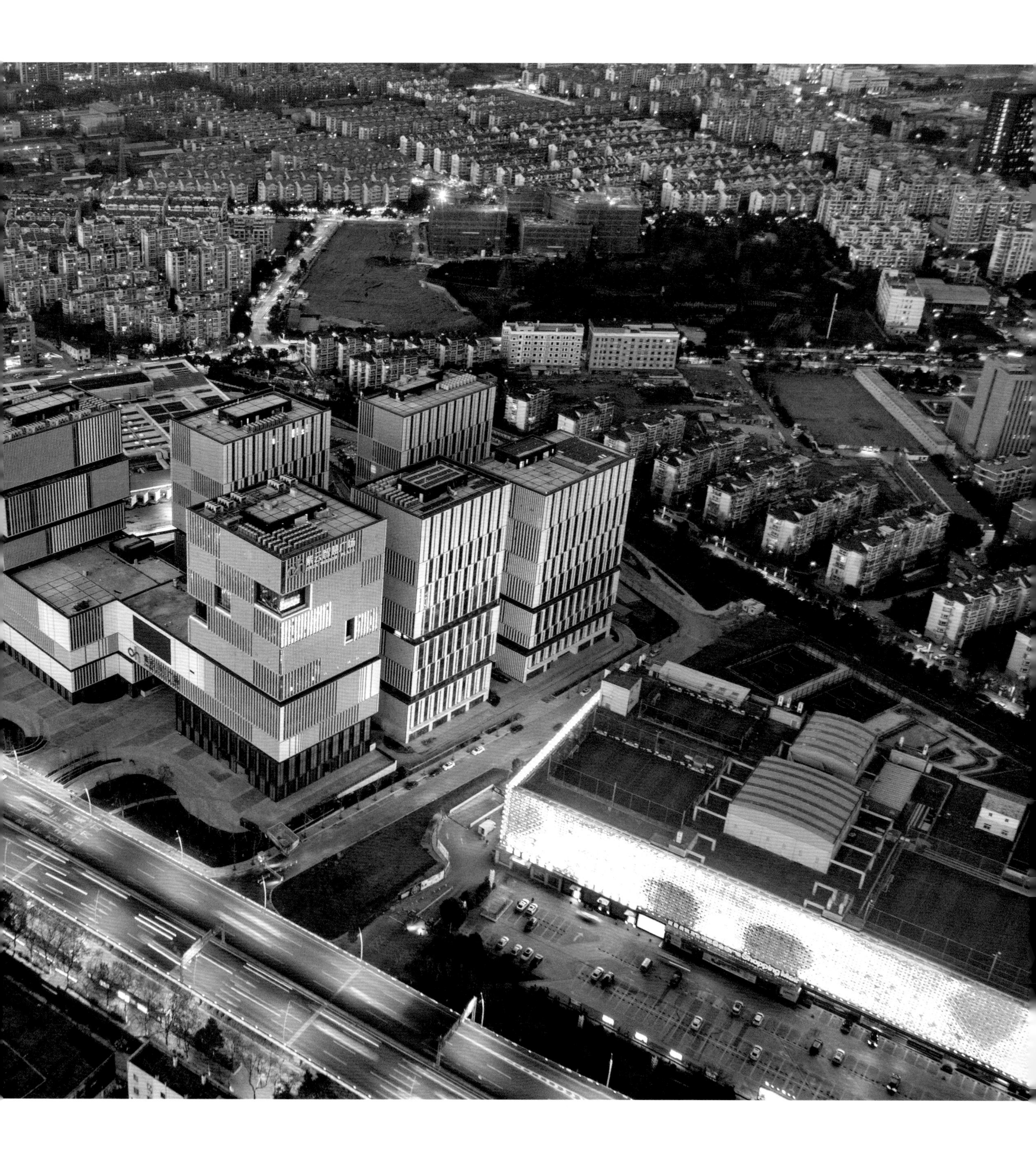

紫云智慧广场
WISDOM

江南农村商业银行“三大中心”

建筑规模　135 650 m²
设计/竣工　2012/2018年
建筑地点　江苏·常州

江南农村商业银行“三大中心”建设工程位于金坛区滨湖新城，南起金坛大道，西临东环二路，北至横四路，东至纵四路。项目功能包含：金库押运中心、数据灾备中心、档案中心、金坛支行、科技中心及教研中心。其中：金库押运中心、数据灾备中心有大量的流程工艺要求及室外场地需求；而科技中心亦有大型宴会厅、1 000人报告厅、室内游泳池等人流密集、体量庞大的大型服务空间。

如何化零为整，在有限的地块内解决不同性质的建筑单体关系、场地布局关系及不同功能的出入流线关系，是方案的首要切入点。方案力图体现公司口号，展示企业精神，从中提炼出方案理念：立足本土，放眼全球。在进一步的建筑设计中，将其转换为建筑语汇：理念立足本土文化，建造根植现代主义。希望通过简洁现代的建筑语汇，描绘出富于本土特色和区域精神的建筑形象和建筑空间。

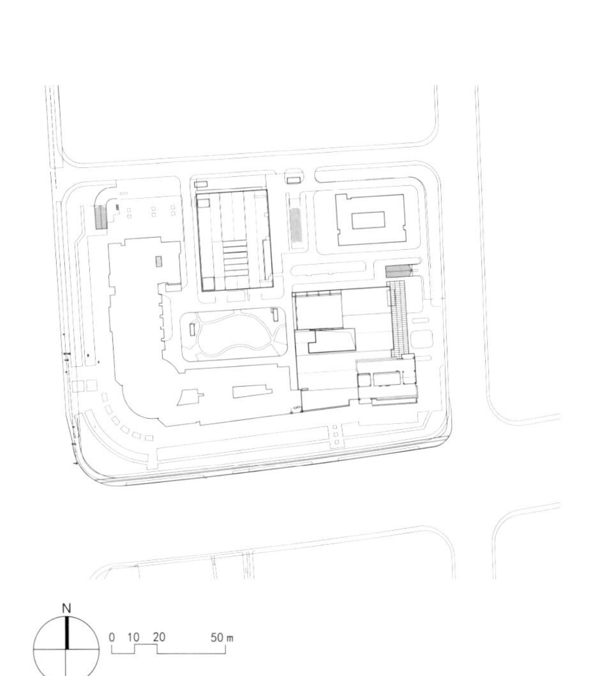

金科大厦
Fintech
Building

员工食堂
Staff
Cafeteria

佘村社区活动中心

建筑规模　2 246 m²
设计／竣工　2017/2018 年
建筑地点　江苏・南京

佘村位于南京市江宁区东山镇，是“江苏省特色田园乡村建设”第一批示范村之一，是一个本土居民保有量大、山水田林资源丰富、文化遗产比较丰厚、不同时期建筑及其建造工艺谱系较为完整的都市近郊型村落。设计从传统中医的“灸法”中汲取灵感，通过对乡村公共空间节点的系统性营造和活化来激发乡村活力。针对存在的问题，按照生态、生活、生产和文化四个系统，采用活化、恢复、植入等不同设计策略，分别对衰败、消亡、缺失的公共空间及其功能进行优化提升和再造，进而探索形成一套较为完整的营造机制，谓之乡村“筑灸法”。

社区活动中心是佘村公共空间系统中的一个重要节点。项目用地位于上佘路旁的一处坡地上，并与颇具地方传统产业代表性的石灰窑相邻。设计有机整合社区服务功能的完善、工业遗产保护及生态环境修复等多重目标，拓展其多层面价值；强化空间体验及其景观意象，形成特色田园乡村新的公共空间节点。

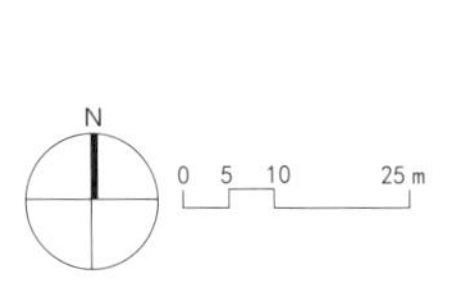

中花岗社区服务中心

建筑规模　81 150 m²
设计／竣工　2016/2019 年
建筑地点　江苏・南京

中花岗保障性住房地块公建配套项目位于南京市栖霞区中花岗片区，为中花岗片区公共配套设施。为确保居民拥有一个便利、舒适的居住环境，将中花岗片区规划为该片区的配套服务设施中心。基地北侧为花港路，西侧为润福路，东侧为迎福路，南侧为花港南路，南侧紧靠运粮河自然景观带。

设计方案整合了复杂的功能流线，强化社区服务中心的动静分区，加强公共活动部分对城市商业街区的开放性以及医疗养老部分与城市景观绿地的结合，并深化设计了建筑室内的公共空间及内外空间交互，以提高建筑内部和外部环境的品质。运用色彩和细节设计，在控制成本的前提下实现立面的高完成度。

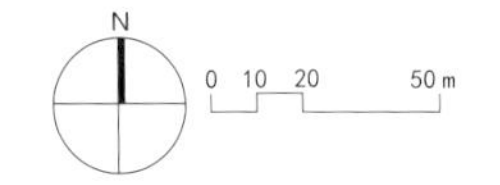

青岛市民健身中心

建筑规模　215 000 m²
设计/竣工　2015/2018 年
建筑地点　山东·青岛

青岛市民健身中心为山东省第24届运动会场馆工程，一期建设主要包含一场一馆，即6万座体育场及1.5万座体育馆。项目位于青岛市胶州湾滨海区域，处于青岛市以及机场、高铁站等区域交通枢纽的地理几何中心，与红岛会展中心、济青高铁红岛站等13个市级重大项目，共同构成青岛北岸的公共中心。

项目主要包含体育场、体育馆及室外训练场三大核心功能。建筑布局预留湿地公园，形成集约的布局方式；大体量场馆架空轻触于湿地，塑造二层观海平台；不做地下室，尽可能保护湿地景观。同时，基于青岛海洋地域文化诗意营造，通过模拟青岛海洋生物螺纹集约生长结构，实现场馆空间集约；同时关联青岛滨海地域文化，以“云”“海”“沙”“贝”等海洋文化意象，成为胶州新机场起降航道上可被旅客多义解读的地景标识：“海之沙”——体育场以轻盈起伏的纹络组成屋面与立面的“罩衣”，似被海浪拂过的沙滩；“云之贝”——体育馆的白色椭圆体寓意着蓝天白云下的沙滩贝壳。

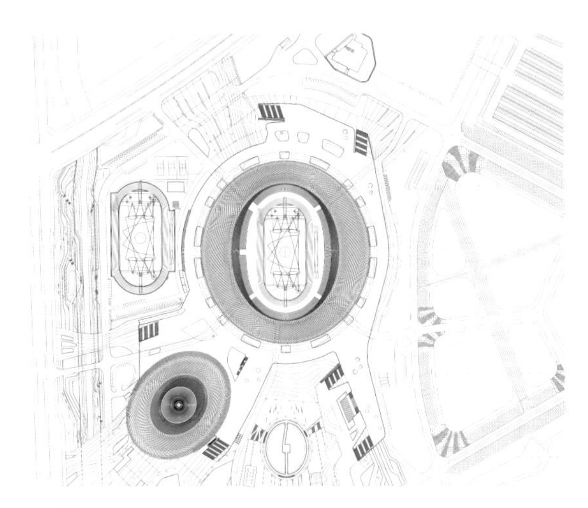

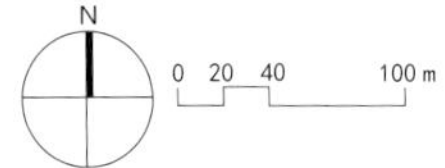

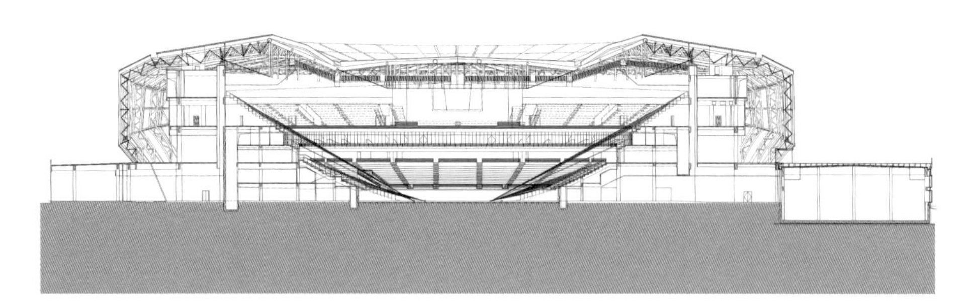

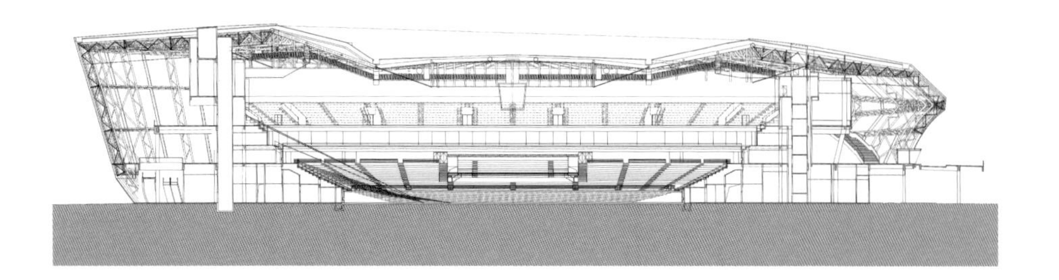

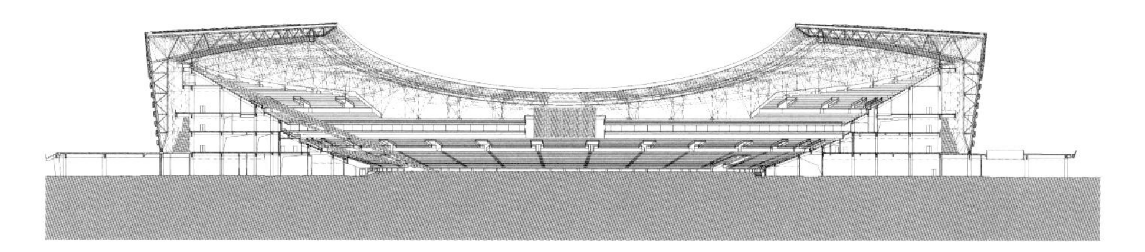

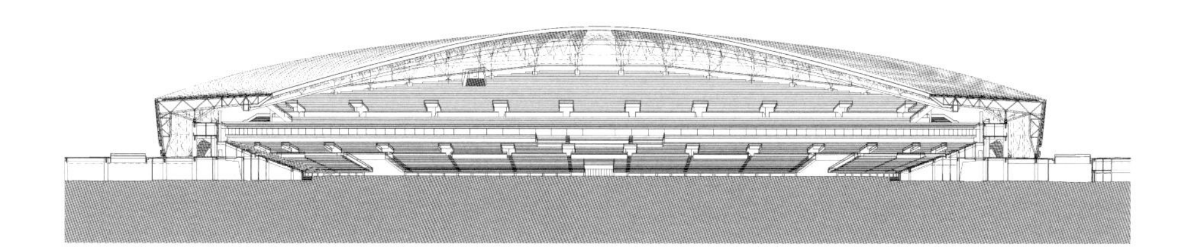

泰州医药高新区体育文创中心

建筑规模　80 775 m²
设计 / 竣工　2014/2020 年
建筑地点　江苏 · 泰州

泰州医药高新区体育文创中心位于江苏省泰州市医药高新区医药大学城东北角，南临景观大道，北至规划路，东临泰州大道，西至口泰南路，地势平坦，四面环路，条件优越。项目分A、B两个功能区。A区位于场地西侧，主要包括了综合运动大厅、网球羽毛球馆、通用羽毛球馆、通用健身房等一系列室内健身场所，以及环形健身步道、网球场、五人制足球场、极限运动场等一系列室外健身设施；B区位于场地东侧，主要安排了小型商业、餐饮、娱乐等辅助功能。A、B两区在内部交通和形体上进行了连接，并共用地下机动车库、人防等设施。

项目大胆突破体育建筑设计将主体建筑与室外运动场地二维并置的传统处理方式，提出将体育建筑“消极空间”与日常健身场地有机整合，升级消防应急车道铺装，打造环形健身步道，并通过立体动线组织，利用疏散平台和屋顶空间，布置室外网球场、五人制足球场，在立体维度上实现了内外空间、行为的串联，及珍贵城市土地空间资源的整合，营造了朝气蓬勃、积极向上的全民健身氛围。

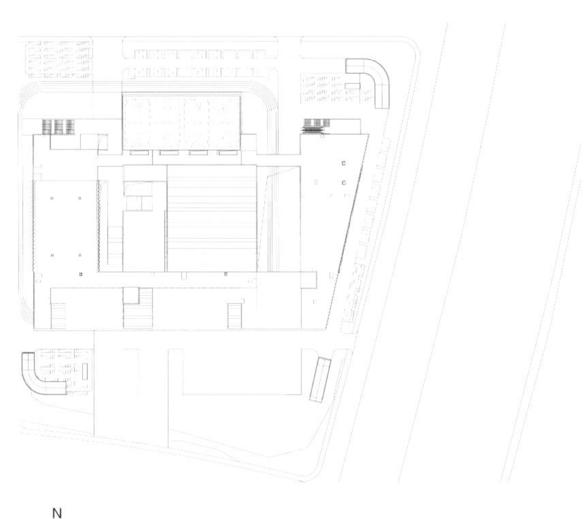

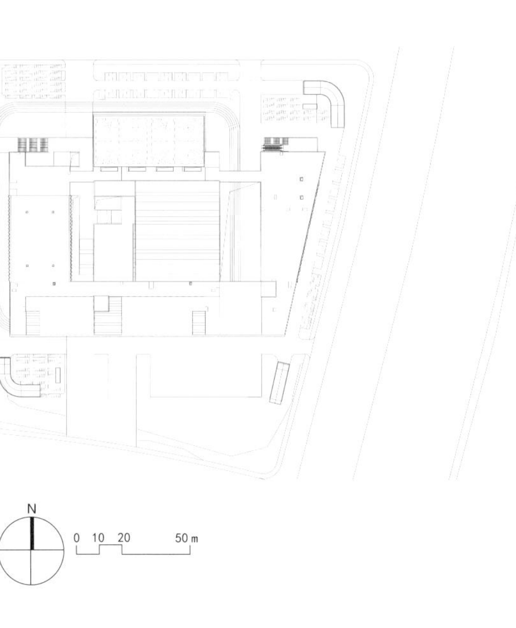

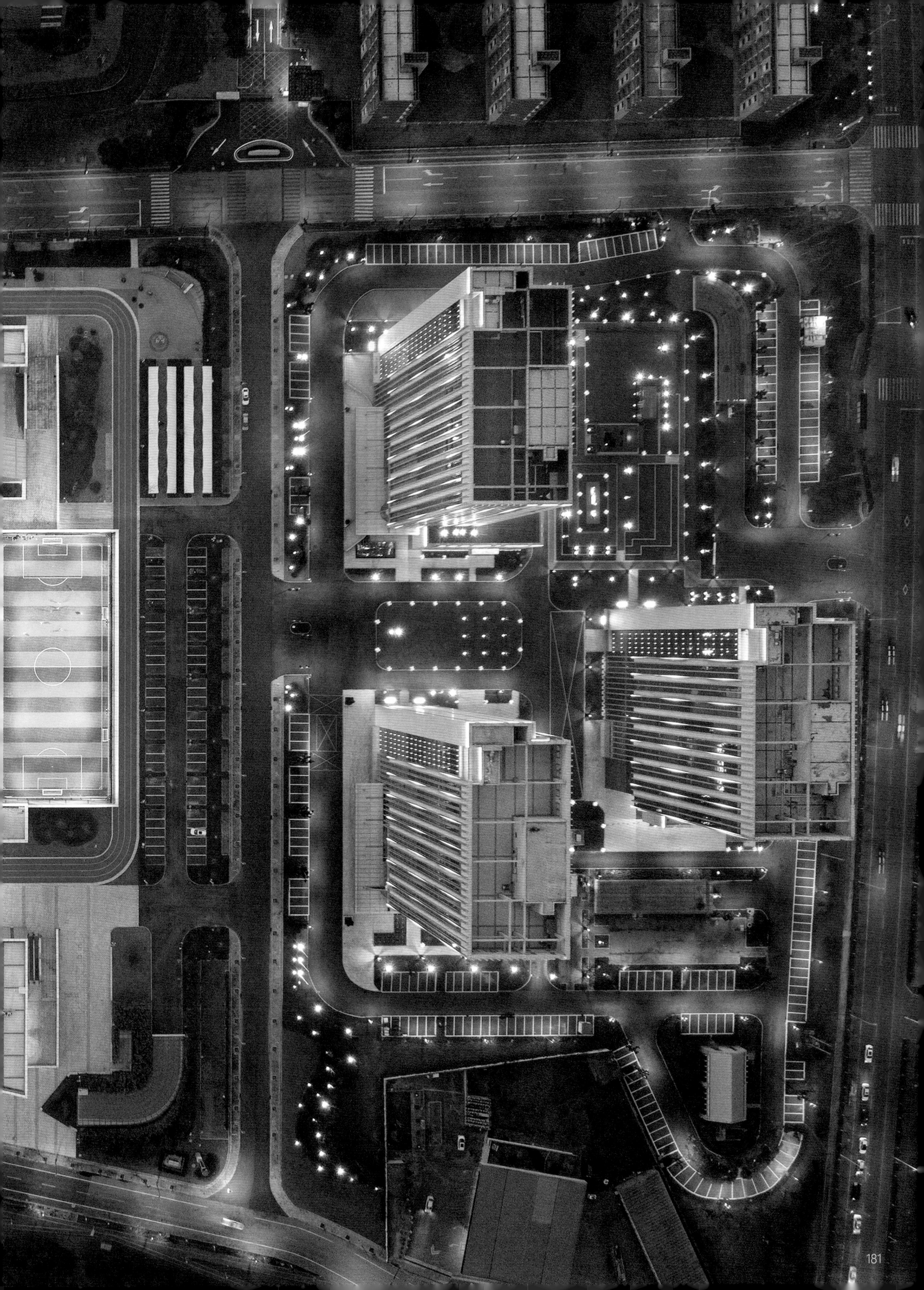

靖江市体育中心——体育馆、游泳馆及配套用房

建筑规模　94 133 m²
设计／竣工　2011/2015 年
建筑地点　江苏·泰州

靖江市体育中心位于靖江市滨江新城，北起富阳路，南临新洲路，东至通江路和西天生港，西至新民路，向北通过通江路连接靖江老城。地块内东侧有一条南北向的河流天生港横贯基地。项目是一座集体育比赛、健身娱乐、文艺演出、商贸活动、赛前训练、餐饮住宿为一体的体育综合体。

从空中俯瞰靖江，纵横交错的水系与农田灌溉系统构成了一幅绝无仅有的大地景观。在设计中以此为切入点，将靖江独特的地貌肌理作为设计的基本元素，用建筑地形学的操作方法来规划场地和设计建筑，以此来回应场地所独有的场所精神。体育文化广场和仪式性广场位于场地东侧南侧。基地西侧为滨河绿化带，建筑退让形成活动广场，同时兼为次要人流疏散。基地东侧南侧为城市主干道，此两处为日后运营主要出入口。

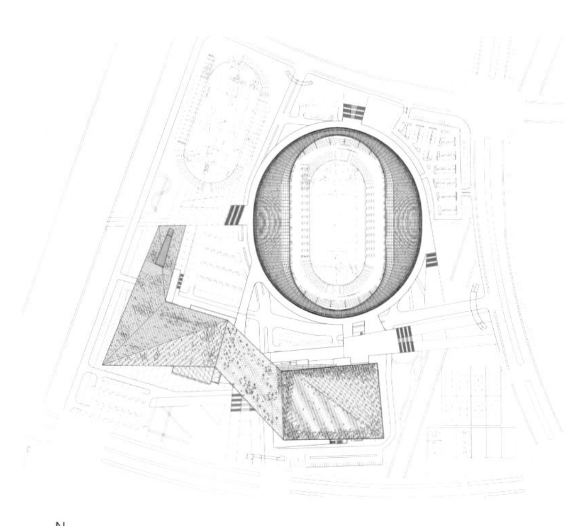

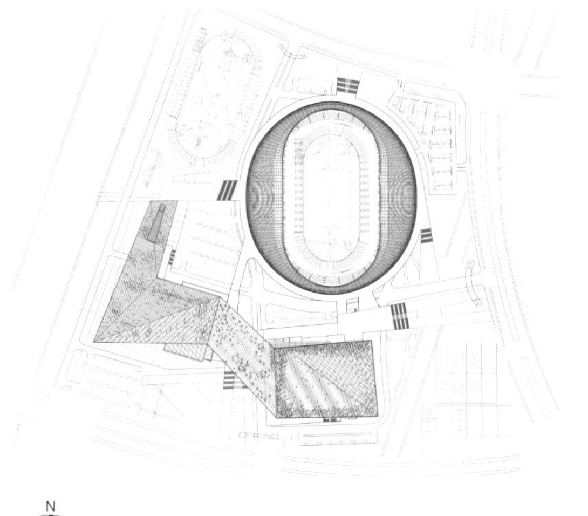

桥北体育中心

建筑规模　37 830 m²
设计/竣工　2011/2016 年
建筑地点　江苏·南京

南京市浦口区桥北体育中心位于南京浦口区，西北面为泰山镇人民政府，西至宝华路，南临毛纺厂路（后改为泰达路），东至双垄河，与火炬南路紧邻。功能主要包括室内篮球馆（两片篮球场）、游泳馆（水面20 m x 50 m）、室内健身馆及室内网球馆（兼羽毛球馆），沿地块东侧和北侧设置商业及配套餐饮，与体育功能一起打造体育休闲MALL。

该地区的规划定位为桥北地区集商业办公、娱乐体育、居住休闲为一体的城市综合功能区，体育中心的建设将对该区域起到标志作用，因此，必须从城市角度对用地进行城市空间结构、城市功能、交通、绿化景观等方面的分析与研究，充分考虑原有规划的城市布局，在总平面设计中做到有的放矢。

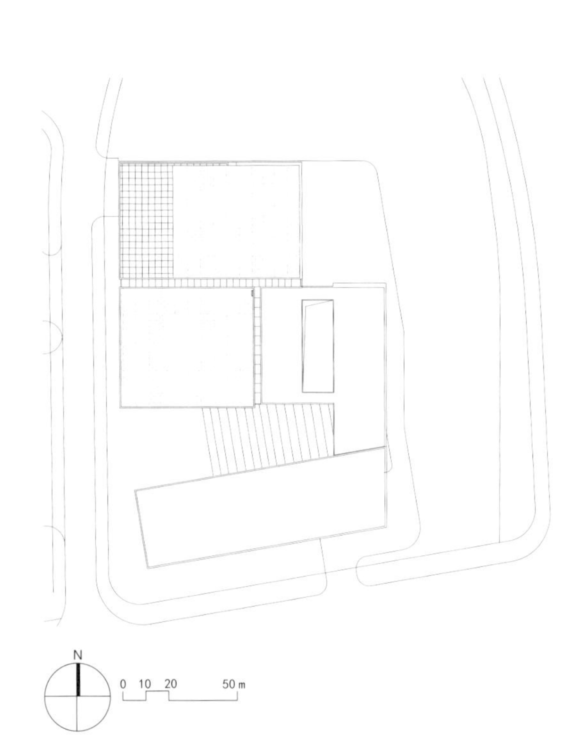

蓝湾咖啡 BLUE GULF COFFEE 简餐 棋牌 咖啡 茗茶

英派斯健身

江苏省妇幼保健院住院综合楼

建筑规模　62 700 m²
设计/竣工　2014/2018 年
建筑地点　江苏·南京

江苏省妇幼保健院住院综合楼位于江苏省妇幼保健院区北侧，由病房区、医技用房和地下室组成。项目包括病房楼及医技楼，设置床位779张。

因紧邻现有3号楼，故采用“新老融合、整体提升”的设计策略，在与3号楼之间植入共享大厅，重新梳理了内部流线和功能布局。在“建筑表情”上主楼及3号楼以红色陶土板饰面，体现理性简洁的设计思路，共享大厅以玻璃幕墙为主，强化了入口区，同时在外侧增加韵律感的遮阳板，体现生态节能的主题。内部设计以充满浪漫主义的儿童画为基调，体现了妇幼保健院的情感需求。

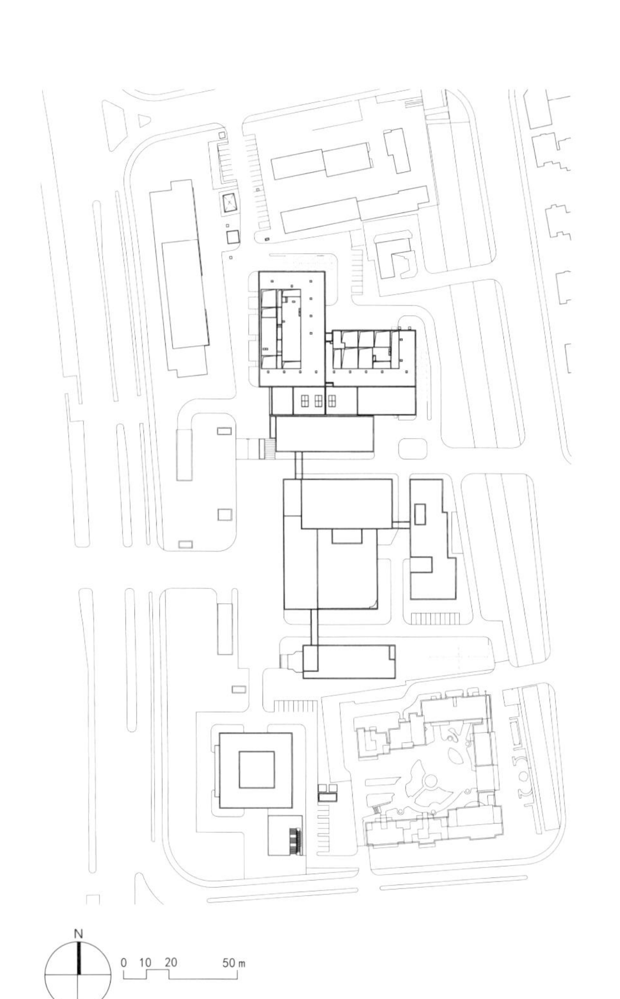

江苏省妇幼保健院
江苏省人民医院妇幼分院

立体车库入口

江苏省妇幼保健院
江苏省人民医院妇幼分院
绿色抢救
专用通道

南京市公共卫生医疗中心

建筑规模　110 000 m²
设计/竣工　2013/2016 年
建筑地点　江苏·南京

南京市公共卫生医疗中心位于江宁区汤山街道古泉社区与龙尚社区之间，现南京市职业病防治院青龙山住院部范围内。其定位为“小综合、大专科、强防治、应突发”的集综合、消化道与呼吸道、接触性与非接触、暴发性等病种专科特色的精细诊疗为主的，综合诊疗为辅的具有防治、救援、应急功能的现代化大型公共卫生医疗防治中心。

项目建有传染病专科、结核病专科、暴发烈性疾病专科、小综合病种、救援中心、办公和辅助用房、科研和教学用房、员工生活区、地下停车设施等，以绿色生态环境为特色，力求打造成国内领先的医院建筑风格，并兼具国内先进的硬件设施。

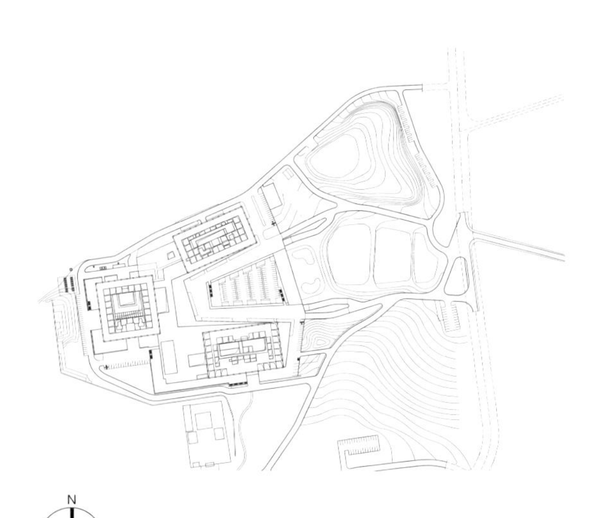

软件谷学校（南京外国语学校雨花国际学校）

建筑规模　86 852 m²
设计/竣工　2016/2019 年
建筑地点　江苏·南京

软件谷学校位于南京市雨花台区铁心桥街道宁双路。校区由A、B两个地块组成，包括国际小学、国际初中、国际高中及配套教学、生活用房。基于城市形态和校园建筑类型两方面的研究，设计在学校布局、空间和使用等方面探索了城市与校园整合创新的策略。

首先，设计采用了中廊式教学单元，南边普通教室与北边辅助教室相结合的方式大大提高了空间的利用效率；其次，通过院落式的空间布局提高东西向空间的利用效率，加强教学单元之间的交通联系，营造传统“书院”的人文氛围；最后，采用纵向空间的利用效率扩充室外公共活动空间，营造丰富多样的校园环境。设计尝试从城市的视角探索校园空间拓展与城市风貌塑造的创新，在营造丰富多彩、积极向上的校园空间基础上，使其以积极的姿态融入城市环境，成为满足城市和校园双重诉求的新型教育建筑。

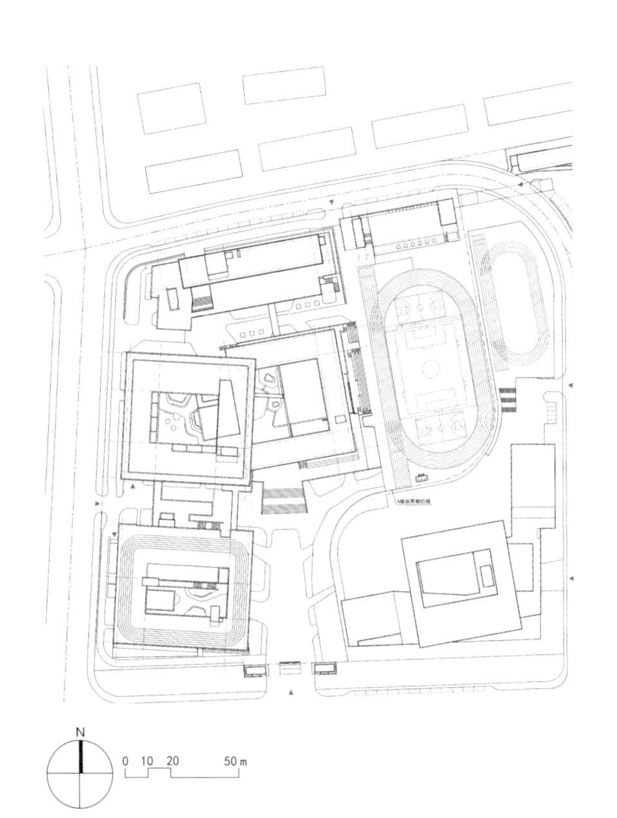

南京外国语学校仙林分校燕子矶校区

建筑规模　110 053 m²
设计/竣工　2014/2016 年
建筑地点　江苏·南京

南京外国语学校是在周恩来总理的直接关怀下于1963年创办的全国首批7所外国语学校之一。进入21世纪以来，随着全球化进程的迅速推进和南外教育国际化的飞速发展，原有老校区建设于20世纪70年代的教学建筑已无法适应新时代的要求。因此校方提出在新的地块上扩建校园。

燕子矶校区原场地为丘陵地势，南北高差达到近10 m。设计将主要活动层同主广场标高，主要布置校园各类活动用房。此标高以上为学校教学用房与宿舍，满足日常教学需求；该标高以下为辅助教学用房、厨房等后勤服务设施。学生正常的生活、学习在同一标高上，高于基本路面一层。设计还巧妙地将风雨操场隐藏于地下，利用高差解决自然通风采光问题，达到集约化设计目的。

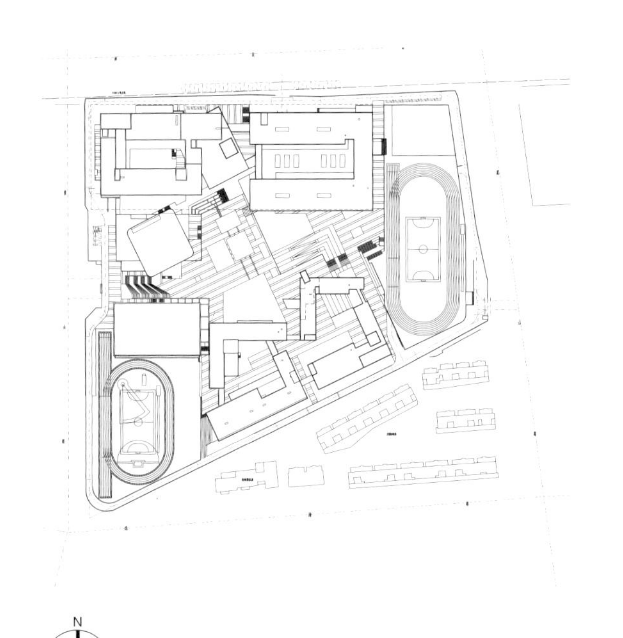

B
小学部教学楼
PRIMARY SCHOOL
TEACHING BUILDING

南京市鼓楼幼儿园江北分园

建筑规模　11 450 m^2
设计/竣工　2017/2018 年
建筑地点　江苏·南京

南京市鼓楼幼儿园江北分园项目位于江北新区核心区内的浦滨路以北、定向河路西南侧。场地北靠老山风景区，东侧为定向河景观，依山傍水，生态资源丰富，自然环境优美。目标是在国际健康城范围内建设一所示范性、现代化、国际化、高标准的公办幼儿园，带动江北新区优质幼教的培育和发展。

设计秉承着将鼓楼幼儿园建设成为教学科研并重、内外交流广泛、教育改革领先的现代化、示范性、国际化幼儿园的理念，遵循着陈鹤琴先生的办学思想，旨在将幼儿园的室外空间打造成为孩子们的第二课堂，充分释放孩童天性，真正地做到让孩子们在玩中学，在学中玩。室外景观工程设计总体依托"活教育"的核心理念，传承陈鹤琴先生"一切为儿童"的中心思想，强调教育要敬畏儿童的天性，尊重儿童的需求，为儿童的终身发展奠定基础。

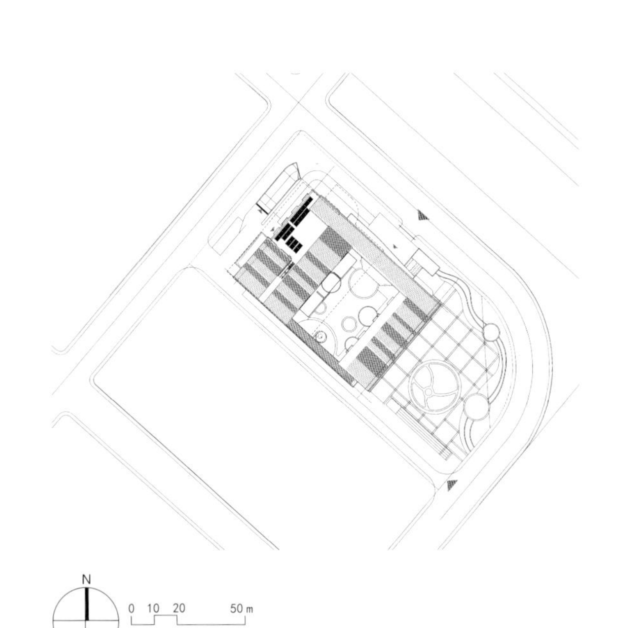

宣城市第二中学扩建工程

建筑规模　21 109 m²
设计／竣工　2013/2016 年
建筑地点　安徽 · 宣城

宣城市第二中学扩建工程坐落于宣城市宛陵湖北岸，水阳江大道以北，原校园以南。为适应学校发展需要，于原校园南侧征地5.6 hm²进行扩建工程。校园扩建作为一种特殊的建筑类型，需要在延续既有校园空间结构和使用功能的基础上融入新的城市环境。

项目设计过程与更大尺度的城市设计工作同步展开，基于城市形态和校园建筑类型两方面的研究，在布局、空间和使用等方面探索了城市与校园间整合创新的扩建设计策略。项目建成后不仅成为宣城当地教育建筑的典范，而且对环湖地段的整体城市面貌产生了有力促进，并在社会各界产生了积极的反响。

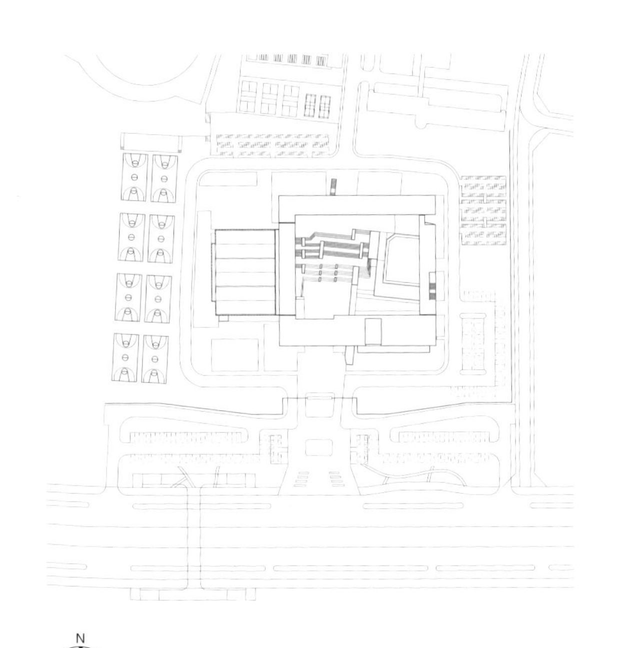

N
0 10 20 50 m

平等
核心

南京城市职业学院溧水新校区

建筑规模　147 010 m²
设计/竣工　2015/2018 年
建筑地点　江苏·南京

南京城市职业学院本部坐落于栖霞区和燕路，新校区选址位于南京市溧水经济开发区，居于南京禄口机场与溧水主城区之间，毗邻宁溧公路、宁杭高速、沿江高速以及机场高速。新校区建设面积约147 010 m²，将满足6 000名在校生的规模配置。总体功能大致分为三部分：教学实训区、生活功能区、校园服务区。新校区一次建成，校园南侧预留发展用地。

规划设计坚持紧凑校园的理念，摆脱传统功能分区式校园布局的限制，将学生作为规划设计的核心主体，以校园日常的学习链和生活链为基础连接各功能组团，强调对功能的梳理和整合，强化公共功能的激发和融合，建立以促进交往为导向的新型职教校园。

N
0 20 40 100 m

教学楼1

教学楼
2

如东县县级机关幼儿园

建筑规模　7 120 m²
设计/竣工　2013/2015年
建筑地点　江苏·南通

如东县县级机关幼儿园位于如东县具有高密度特征的老城区内，设计需要在有限且局促的用地范围内为15个班共约450个学前儿童提供生活、学习、游乐的场所。设计基于建筑、场地、景观的整合设计理念，以积极的姿态介入城市环境当中，通过建筑要素的整体统筹在有限的空间中营造适于儿童成长的生活环境。

在现有用地范围内“复制”一块50 m×66 m的场地，通过500 mm厚BDF现浇空心楼板的结构方式“悬浮”于二层平面，最大限度向外扩充儿童活动场地。15个班的功能教学用房采用聚合式的“院落”布局模式，两种空间模式上下叠加，形成儿童生活、学习、游乐交融穿插的乐园。将二层悬浮大板北侧缓缓向上翻卷，形成一个柔软的曲线形轮廓。板下的高大空间可作为多功能厅、夹层办公使用；板上则利用坡形屋面形成“自然草坡”“儿童攀岩”“儿童滑梯”的多彩活动空间。原本消极、沉闷的北向场地成了一个活跃的、有趣的、儿童乐于前往的“好玩”的地方。

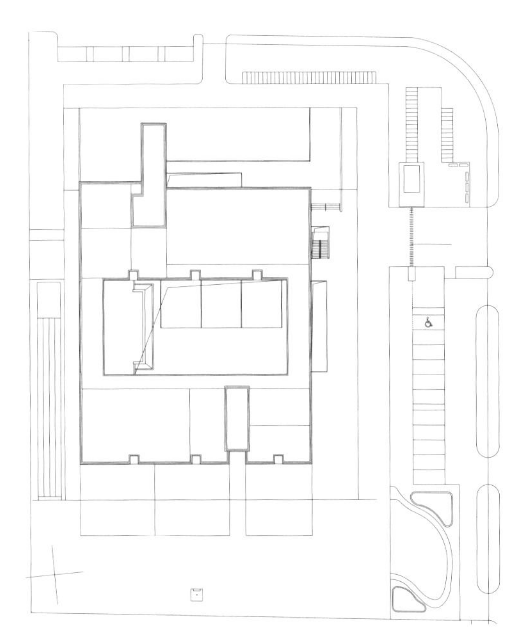

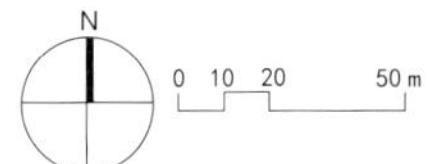

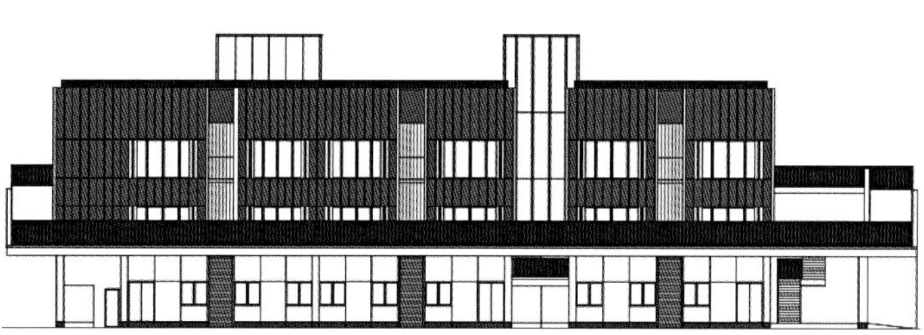

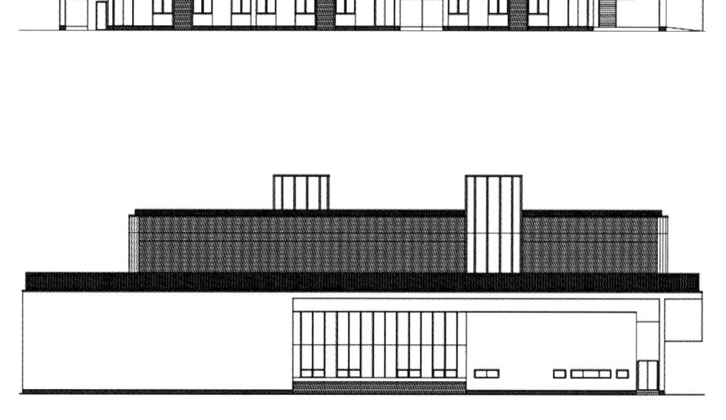

新建溧水区委党校教学区项目

建 筑 规 模　50 163 m²
设计 / 竣工　2017/2020 年
建 筑 地 点　江苏 · 南京

2016年初，南京市溧水区委党校将目光投放到溧水城南无想山下，希望在此建立一个新校区，以解决原校区面积偏小、容纳能力有限，同时设施老化、功能配套不齐全的问题。新校区的基地东临城市主干道，南北为城市次干道，西侧的景观河道和远处的无想山构成了优越的自然环境资源。

设计团队提炼红砖作为主要的立面材料，传达出党校鲜明的红色文化，塑造出特有的党校校园品格。整体校园纳"山川形胜"，借"无想"凸显校园环境与城市景观的有机结合。连续的凹进和相似的体量表现了空间构成的单元性，而会议中心、体育馆则被纳入另一侧翼，不同的尺度和形式暗示着其功能上的差异和富有节制的自由性设计的构思从封闭的单一主体逐步发展成为具有一定开放性的综合体，并将更大范围的场地引入设计之中。设计团队希望设计回归初心，探求兼具地域特色、人文气息和时代精神的党校校园之道：契合南京独特的历史文化及地域背景，体现出党校这一干部教育基地培训场所的精神面貌和时代特征。

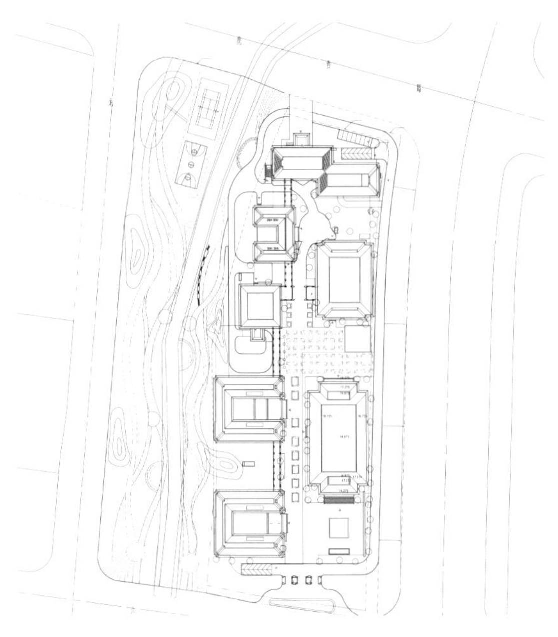

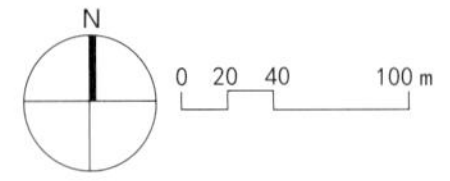

5

7

秦淮区愚园（胡家花园）风景名胜设施恢复和复建项目

建 筑 规 模　3.45 hm²
设计/竣工　2009/2013 年
建 筑 地 点　江苏·南京

愚园位于南京中华门内西隅，北起花露岗，东临鸣羊街，西接花露岗，南至花露南岗，为清晚期南京重要的私家园林，在江南园林中有较大影响。1982年9月，愚园被公布为南京市第一批文物保护单位。作为南京的历史名园，愚园也是秦淮风光带重要的人文景点，对其进行修缮复原有着重要的意义。修缮复原设计的原则是以历史文献和实物遗存为依据，充分利用愚园遗存和山水格局，进行对比研究，将愚园保护和复原设计有效结合起来，坚持原材料、原尺寸、原工艺原则，保护文物建筑的建筑风格和特点。

复原后的愚园保留全部历史建筑，恢复湖面规模和形态，保持山丘现有自然状态，主体部分恢复到光绪年间愚园盛期的状态，总占地达3.45 hm²，总建筑面积3 700 m²，真实再现《白下愚园集》和《白下愚园游记》中描绘的愚园36景。对保留历史建筑进行修缮，如铭泽堂、容安小舍、清远堂、无隐精舍、家祠；复原建筑亦采用传统园林建筑形式，体现传统园林的意境与韵味，如小沧浪、小山佳处、水石居、青山伴读之楼、秋水蒹葭之馆、课耕草堂、在水一方、柳岸波光、延青阁、春睡轩等。整个园林分为内、外两园：外园以自然山水为主，建筑沿湖以带状、点状布置，数量不多，显得简洁而疏朗；内园实际上是园中园，园内以清远堂为主，亭榭楼阁、廊轩萦回、池沼叠石、碧波绕栏，形成一个布局灵活的建筑群体，给人以咫尺山林，步移景异的感受。外、内两园的建筑以疏密形成了强烈的对比。复原后的愚园成为南京目前最大的古典私家园林，丰富了老城城南的文化生活，改善了门西老城环境，展示了南京老城的文化特色。

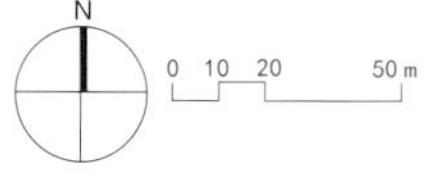

溧水区无想国际创业小镇建设工程（城隍庙文化街区）

建筑规模　73 700 m²
设计/竣工　2016/2020 年
建筑地点　江苏·南京

溧水区无想国际创业小镇建设工程（城隍庙文化街区）位于南京市溧水区城南新区核心区，紧邻莘庄水库，东侧为致远路，西侧为随园路，南侧为幸源路，北侧为高平大街。项目规划占地面积184 800 m²，主要包括城隍庙（复建）、文化街区、景观水系等。新建建筑总建筑面积为73 700 m²，园林景观工程占地75 200 m²。

溧水作为南京秦淮河的发源地，水文化根植于当地的文脉之中。街区水系依据原始地形，在低洼的中部形成主水面，周边则以水街的形式环绕城隍庙。水街的形式多样，其通过与街道、建筑相组合，形成进退多变的沿街界面，并结合不同形式的水系穿插，营造出丰富的水乡氛围。

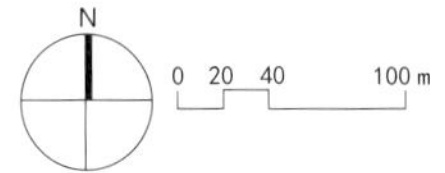

P 地下车
出口

無想
水镇

评事街历史风貌区大板巷示范段更新项目

建筑规模　18 122 m²
设计 / 竣工　2015/2019 年
建筑地点　江苏 · 南京

南捕厅历史城区大板巷示范段保护与更新项目是以历史街巷为载体，以市井生活为依托，传承传统文化、面向未来多元需求的历史风貌街区。南捕厅历史城区位于南京市中心，城市南北向主轴线中山南路西侧，北到泥马巷，南抵升州路，西至红土桥路，东侧毗邻全国重点文物保护单位“甘熙宅第”。该区域是南京市历史街巷的重要载体，是重要的历史风貌区之一。

采用"小规模、分单元、渐进式"的原则，能保则保，应保尽保。修缮方案基本延续了传统大板巷街区的街巷尺度，在东西方向上，恢复了部分历史存在的老街巷，使整个评事街历史风貌区的街巷肌理更为有机，交通更为顺畅，并结合大板巷及内部支巷的街巷路面更新及景观营造，对其周边城市环境进行了治理。

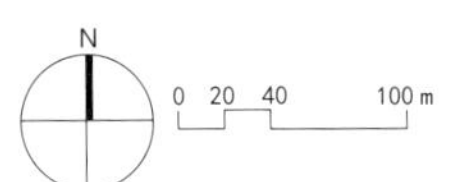

大板巷

漢服王朝
花筑奢·百戏园客栈

大板巷
81号

北街茶馆

人民桥历史文化环境艺术提升工程

建筑规模　2 106 m²
设计／竣工　2015/2019 年
建筑地点　广东·广州

人民桥地处广州著名的沙面风景区，横跨珠江。该桥始建于1965年，因形象及使用功能陈旧落后，2015年9月广州市政府启动“人民桥历史文化环境艺术提升工程”，2019年7月完工投入使用。改建后的人民桥已经成为广州新的人文名片，广州市民心目中最美的跨江大桥。

设计中对桥西北角的古木棉树进行了完整保留，增加的四个桥头堡里设置了观光电梯，人行桥上加了四个望江平台。改造后的人民桥解决了“老桥”人车混行、交通拥堵的问题，提升了滨河桥梁景观，优化了桥下廊道空间。巧妙利用北岸桥下空间设置的“人民桥博物馆”，对望“沙基惨案纪念碑”，在空间上记录历史岁月。最重要的是，人民桥重现了“江畔木棉落日红”的经典场景。人民桥历史文化环境艺术提升工程完成之后，人民桥成为珠江夜游的起点，也成为沙面地区历史记忆的重要延伸，为市民提供了爱国主义教育、展览、休憩、观光等诸多场所。通过桥头堡、楼梯、廊道等风格元素，与沙面的建筑环境融为一体。

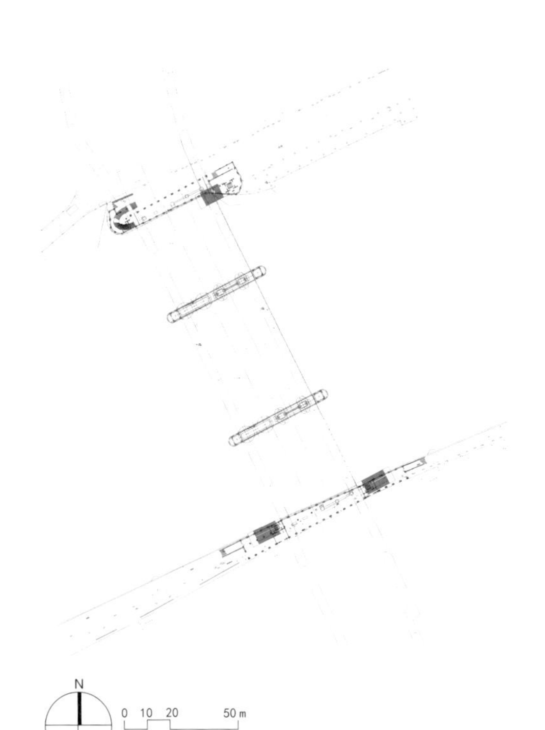

改造前

改造后

公共安全
视频监控区域
VIDEO

建邺路 168 号院改造维修工程

建筑规模　34 405 m²
设计 / 竣工　2013/2015 年
建筑地点　江苏 · 南京

本项目原为中共江苏省委党校校区，前身为国民党中央党务学校校址，坐落于南京市王府大街与建邺路道路交叉口，是南京市城南片区的文化历史汇集焦点区域。随着党校的搬迁，江苏省政府决定对老校区进行整体修复及改造，将其作为社科院、妇联等局级机关办公使用地。

设计在有限的改造资金条件下，充分尊重并传承了历史文脉，通过新技术、新材料的应用，完成了三大改造提升任务：1.梳理办公环境，尊重历史文脉，重塑空间礼仪性和秩序感；2.改造原有外观，提升区域品质，采用预制的ALC保温装饰一体板，再现典雅精致的民国风格；3.更新建筑功能，满足使用需求，引入新设备，再现尺度宜人的内外空间。

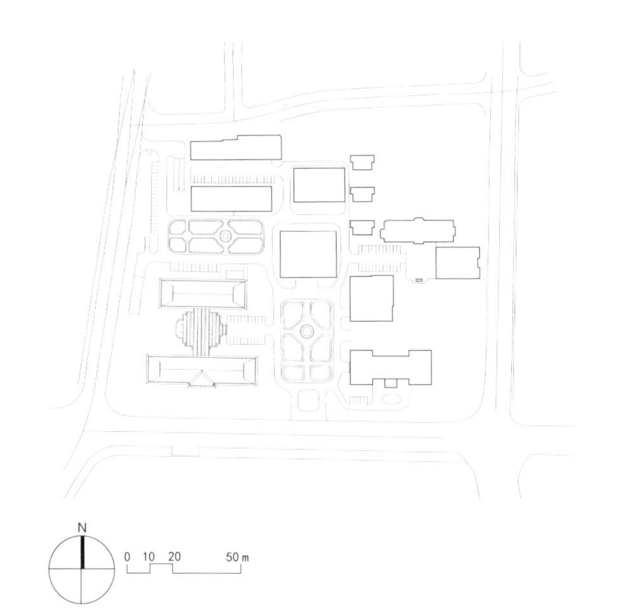

3

5
江苏省文史研究馆
江苏省人民政府参事室

东南大学校史馆

建筑规模　1 090 m²
设计/竣工　2013/2017 年
建筑地点　江苏·南京

东南大学校史馆位于四牌楼校区，馆舍前身为工艺实习场。四牌楼校区为原中央大学旧址，2006年被国务院列为全国重点文物保护单位。工艺实习场是旧址遗存的建设年代最早的民国建筑，始建于1918年东南大学的前身南京高等师范学校时期，1948年扩建于中央大学时期。工艺实习场是中国近代历史上最早的工艺实习场所，以及最早的工程实践教育基地。2017年东南大学将其改造为校史馆。校史馆的建设是在对文物建筑进行加固修缮基础上的合理利用，既保护了文物建筑，又提供了校史展示场所。

东南大学校史馆是展示东南大学的重要窗口，其馆舍建筑又是百年学府演变发展的历史见证。校史馆整体设计包括文物建筑的加固修缮、校史馆展陈设计两个阶段。整体设计坚持国际通行的当代文物保护“最小干预、可识别、可逆”的三项基本原则，一是精心保护与展示民国初年建筑的文物价值，彰显东南大学的历史和文化特色；二是积极打造具有国际水准的中国当代高校特色校史馆，见证东南大学校园文化建设最新成果。

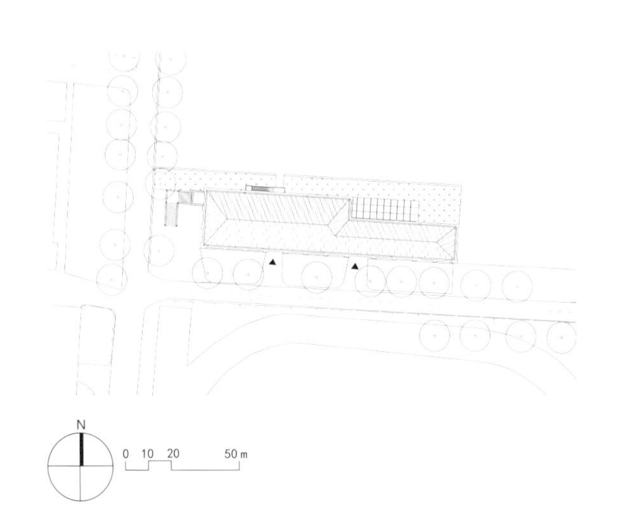

校史

工藝實習場

校史館

国民大会堂旧址修缮

建 筑 规 模　7 576 m²
设计 / 竣工　2016/2020 年
建 筑 地 点　江苏 · 南京

国民大会堂旧址，现为南京人民大会堂，其前身是1936年建成的“国民大会堂”，位于南京市长江路264号，与国立美术馆旧址（现江苏省美术馆）毗邻。其现为第六批全国重点文物保护单位，是近现代重要史迹及代表性建筑。

本次修缮前有5次大修，分别在1947、1958、1986、1999、2005年，民国时期主要为扩充座席，新中国时期注重舞台设备、配套设施的更新。本次修缮设计过程中，在现有条件下做了最完整的历史梳理。在完整细致的现状勘察基础上，针对结构安全性评估的问题，即主体钢筋混凝土框架结构超过混凝土使用年限，综合抗震能力偏弱，提出一种基于结构性能化的抗震加固评价和设计方法。本次工程性质为修缮工程，对结构部分适度采用属于重点修缮的保护措施。

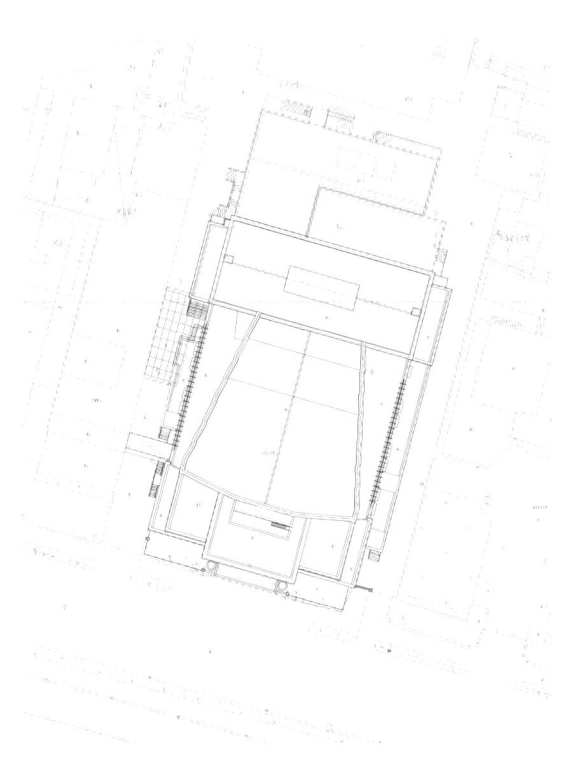

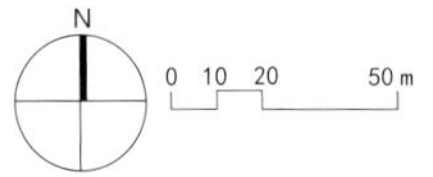

人民大會
新时代
新使命
新征程

单号
双号
前言
历史光影中的
人民大会堂

双号

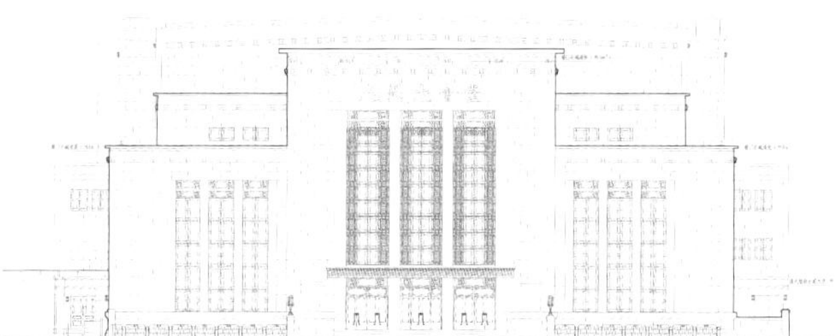

南浔古镇宜园修复工程

建筑规模　1 152 m²
设计／竣工　2017/2019 年
建筑地点　江苏·南京

宜园，亦名庞家花园，位于南浔镇东栅吊桥外，为近代书画鉴定家、收藏家、实业家庞云鏳之子庞元济的私家园林，始建于光绪年间，后因兵燹而颓圮。童寯先生于《江南园林志》的测绘图为宜园修复的主要依据及主要参考，去芜存菁，通过对“一街、一屋、一岸、一岛”等场地要素的整理，将场地上的留存物作为修复的参照。

修缮设计重点突出“以画入园”“园中展画”两个主题，以假山营造、花木配置，展现园主珍爱的南派山水画作之意蕴，又以虚斋藏画的复制品点缀厅堂之中，使得名画、历史、园林在同一时空中得以展现，画意、画作、画情、画景交织辉映。借助设计手法，阐释与展现“虚斋”收藏在中国收藏史上的地位，达到童寯先生谓之南浔诸园林之首的形态与感受。

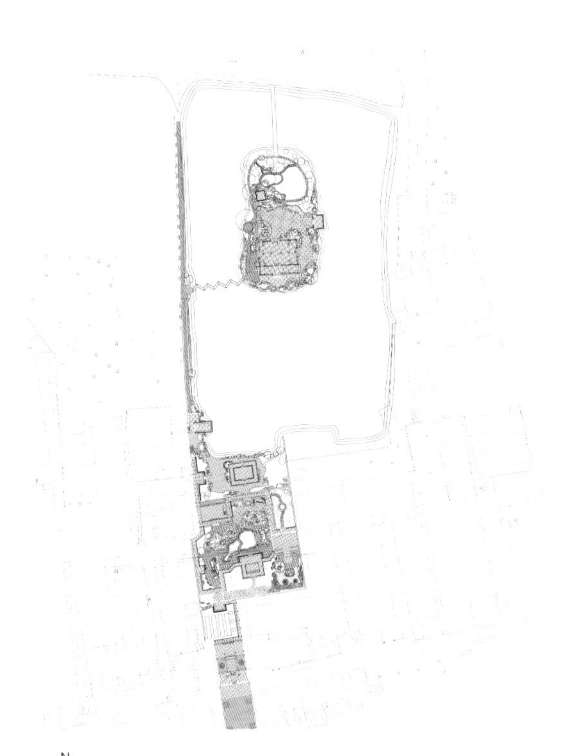

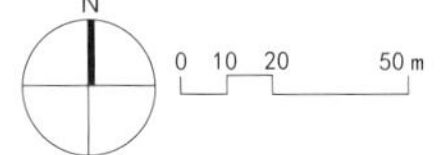

绿净山庄

古寿胜寺建设项目

建筑规模　24 025 m²
设计/竣工　2015/2020 年
建筑地点　江苏·泰州

古寿胜寺建设项目选址于泰州市高港区凤栖湖景区北岸，南距长江仅约5 km，过江交通阜溧高速紧临项目东侧。

近年来，泰州已被纳入江苏沿江经济带并被组织进入我国长江经济带的国家发展战略中，把握此机遇，泰州采取的多项对策即包含了在沿江重要开发地带建设泰州一处文化景点的计划——重建泰州古寿胜寺，打造“江东明珠，泰州门户”的形象。古寿胜寺是泰州历史上的“柴墟八景”之一，初建于南宋淳熙十年（公元1183年），历经七百多年毁于抗日战火。又七十余年后，于过江高速边择址重建，意图在江滨这片城市开发新地中预先植入一处标识性的文化亮点，配合水泽景区的文旅打造，成为引导未来城市生活的文化动力。

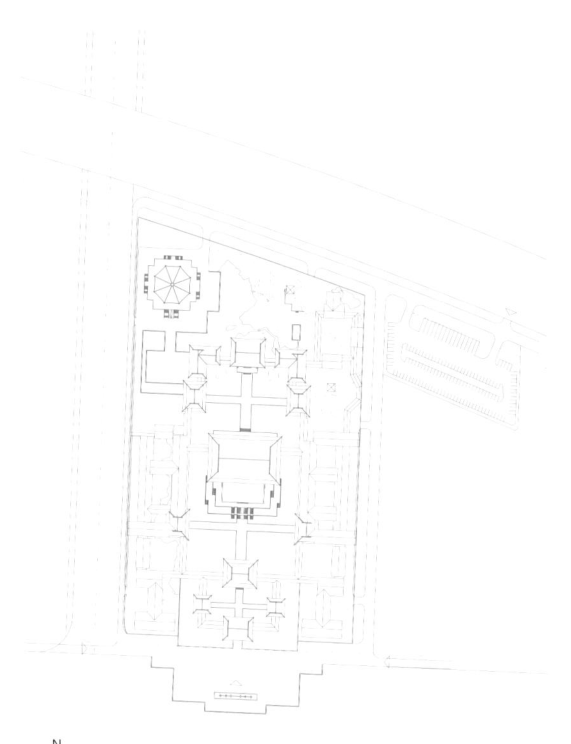

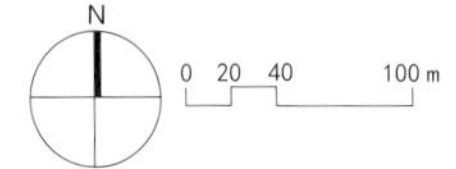

宜兴阳羡溪山东坡阁

建筑规模　1 460 m²
设计／竣工　2017/2018 年
建筑地点　江苏・宜兴

宜兴阳羡是北宋文豪苏东坡归老而未达之地。阳羡溪山东坡阁位于阳羡湖畔，群山环抱、风景秀美。宋代文豪苏东坡曾有“买田阳羡吾将老,从来只为溪山好”之词句表达归隐阳羡的美好愿景。东坡阁借由此情此景展开设计，从宋画中提炼古人的山水观与空间意象，建筑、山水、石林交相呼应，展现了一代文豪寄情山水的雅致情趣。

为尽可能轻微地介入原有自然山水体系，保留植被及山石，各单体建筑尽量采用原木建造，大出檐、内减柱，在传统的建造体系中发掘和继承人工与自然和谐相处的平衡之道。建筑在细节设计上，用心还原了南宋建筑的构造与形式特征，较好地呈现了江南地区宋代建筑的风骨，该建筑已成为宜兴的当地标志性建筑物。

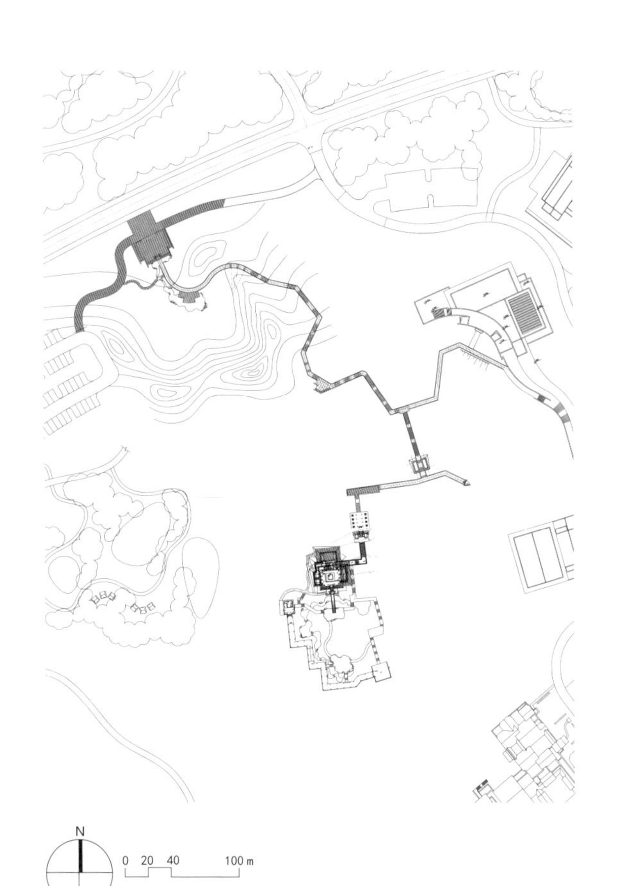

東坡閣

义乌鸡鸣阁景观建筑

建筑规模　2 500 m²
设计/竣工　2013/2020 年
建筑地点　浙江・义乌

鸡鸣山地处义乌江东，是义乌主城区唯一的自然高点，也是义乌城市规划结构中重要的交通和景观节点。鸡鸣山上的鸡鸣阁是一座具有标识性的景观建筑，设计方案力求兼顾传统与现代，宣扬义乌的历史文化，同时也体现当代义乌的精神内涵。

设计方案以楼、桥、亭、台的组合，化整为零，弱化了建筑体量；布局组合顺应山势，层台垒榭，盘旋而上，宛如栖息在山顶的凤凰，象征着“凤头”的主楼成为制高点；山顶平台以上部分采用精美的传统木构形式，玲珑而轻盈，层层出挑的斗拱配合升起的翼角，体现凤凰腾飞的意境。

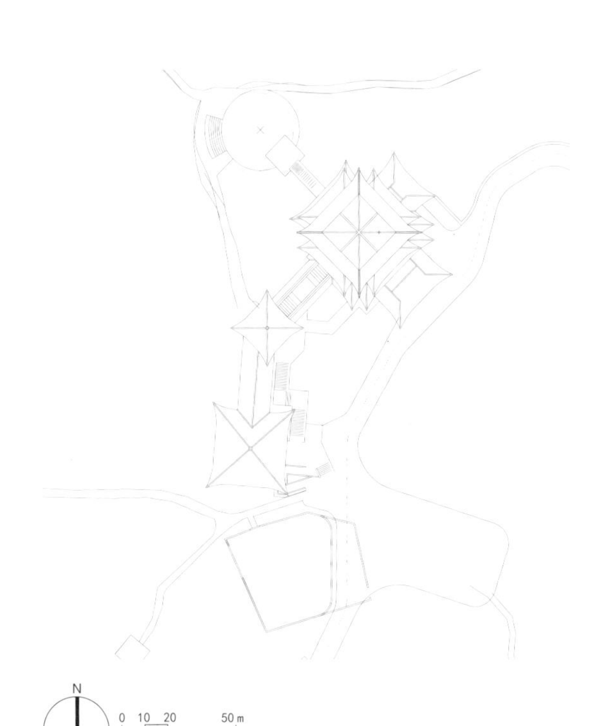

可乐国家考古遗址公园博物馆

建筑规模　880 m^2
设计/竣工　2015/2019 年
建筑地点　贵州·毕节

可乐国家考古遗址公园博物馆是一个烂尾楼的改造项目，利用废弃的建筑框架，赋予新的为考古遗址公园服务的使用功能，成为考古遗址公园的一个标志性建筑。

根据建筑所处的位置，在沿用原建筑平面布局，保留原有建筑框架的基础上，改变其平面功能，将餐厅改为公园遗址内容展示区，弥补了原先遗址公园主题不突出的不足。设计中，对立面造型重新调整，采用了基层以块石垒砌的石墙面为主、上层为木构架的地方传统做法，充分利用了当地材料，更符合当地的建筑传统风格；采用锈蚀钢板楼梯，满足现代建筑功能要求。同时在立面造型上采用了汉代古拙雄浑的建筑风格，门窗及栏杆等细部节点均采用汉代建筑菱形窗棂、高栏低格栅的做法，具有早期汉代传统建筑风格。利用山谷地的泉眼，将其扩大成水池，和建筑映衬，相得益彰。将环境按照山地景观打造，形成层层叠叠的多重景观环境，创造出一个建筑和遗址对应的充满古遗址传统风貌的山地古遗址景观环境。

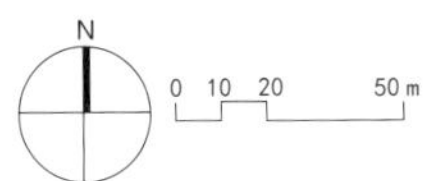

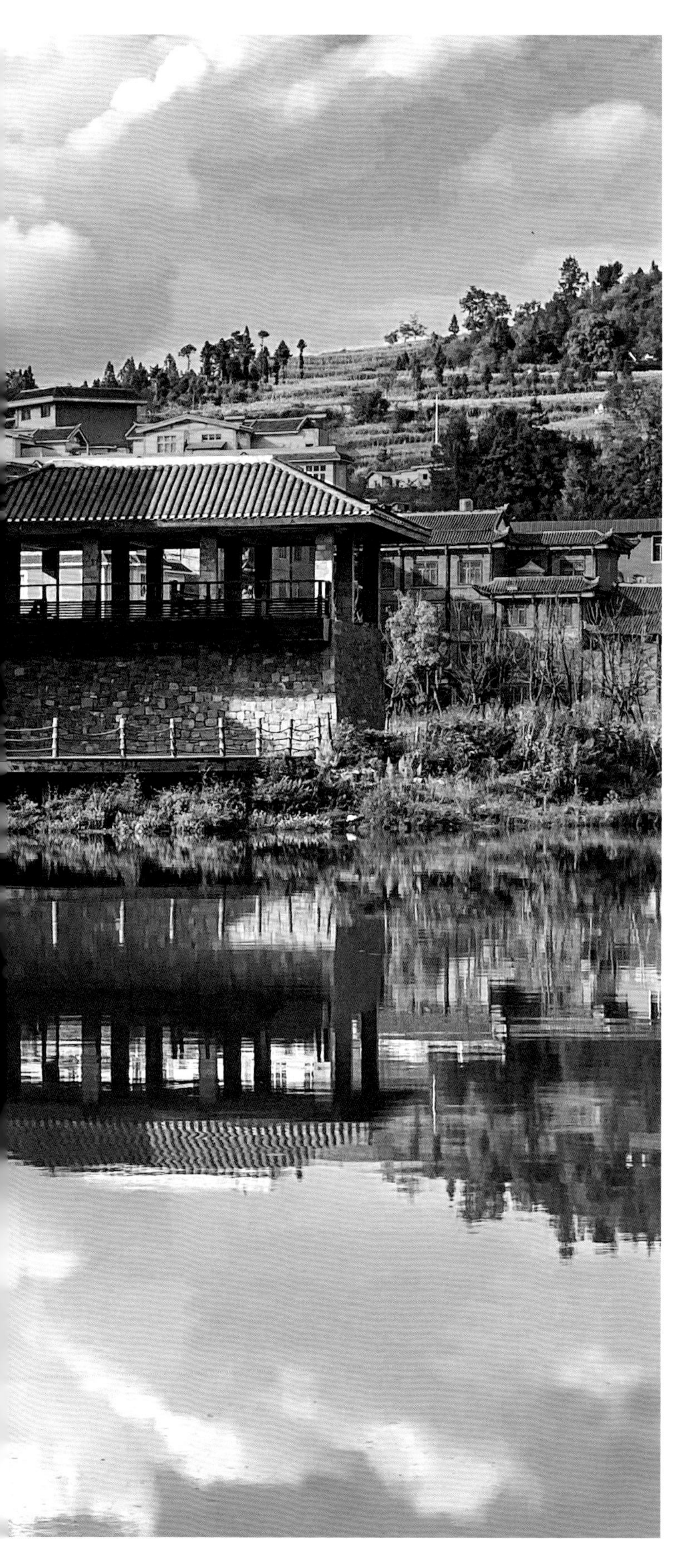

门东 D4 地块芥子园景观工程

建筑规模　2 500 m²
设计／竣工　2016/2017 年
建筑地点　江苏・南京

门东D4地块芥子园景观工程位于门东历史街区的三条营、蒋百万故居西侧。占地面积约2 500 m²。建筑面积约350 m²。

总体规划上，本项目设计在深入研究清初江南园林建筑特征的基础上，通过大量历史文献资料的梳理，最大限度复原清代金陵芥子园的建筑风貌、空间格局与园林特点，使340多年前金陵最著名的私家园林得以重现，并成为国内私家园林复建的典范。设计手法上遵循李渔美学思想与理念，充分体现李渔的造园思想，通过楹联匾额、雕花镂窗、亭台楼阁，将李渔的诗情画意与园林建筑巧妙地合二为一，达到了艺术与技术的高度统一。同时，通过仔细研究空间格局和比例，适当地缩小建筑体量、增加空间开合对比，在有限的园林内以小见大，实现“芥子纳须弥”的空间意境；工程技术上通过架空的形式大大减少了假山的荷载，在假山内部营造出石室建筑空间，而外部则堆砌真实假山石，形成高耸的山石之感，如此大体量的地下室顶板上部假山，在国内亦属罕见。

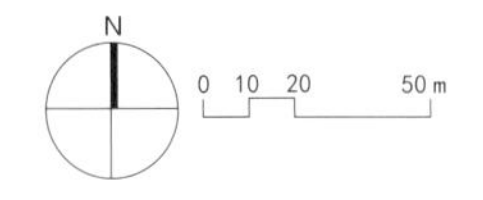

南昌汉代海昏侯国遗址博物馆景观工程

建筑规模　118 802 m²
设计/竣工　2016/2020 年
建筑地点　江西·南昌

环境景观设计将鄱阳湖西岸低伏丘陵与农耕景观认定为遗址所在区域的典型地貌特性，充分保护、结合和利用地形，在地形的脉络中生成建筑体形；与场地周边岗地、梯田、水系及主要植被相协调，塑造整体大地景观。海昏侯国遗址博物馆设计以“虬龙潜野，楚韵汉风”为主题，在建筑形体与山谷地形交融中，重点围绕45 m宽，168 m长的主入口广场，整体展现“海昏气象，豫章风华”的景观主题，从海昏侯出土文物和汉代艺术中汲取造型元素和创作灵感，艺术化地表现自然景观，展现汉代海昏侯国的独特历史文化气韵，使观众在未进入博物馆之前，就逐渐沉浸到2000年前的历史氛围之中。

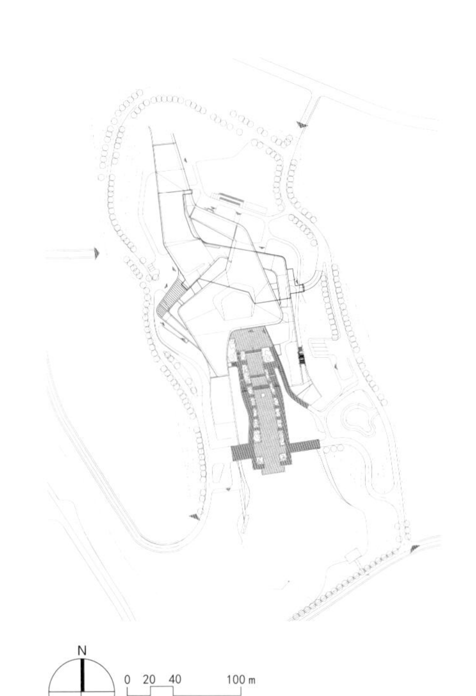

高淳区濑渚洲公园景观改造工程

建筑规模　300 000 m²
设计/竣工　2018/2019 年
建筑地点　江苏·南京

濑渚洲公园位于高淳区东南侧、固城湖西北岸，同时临近石固河，地理位置优越。基地三边紧邻市政道路——北临宝塔路，西临丹阳湖南路，南临滨湖大道，可达性良好。场地现状以自然水景湿地为主，南北方向长约1300 m，东西方向长约370 m，总面积约为31.06 hm²。

设计将濑渚洲公园的定位由郊野湿地公园转变为城市公园，主要通过加强公园与都市的互动，塑造滨水休闲公园形象，配套城市休闲活动，提供活动场所，利用场地环境，凸显优美的城市绿色风光，采用生态技术、可持续景观四个具体措施，将其打造成高淳新城最具生态活力的滨水休闲公园。

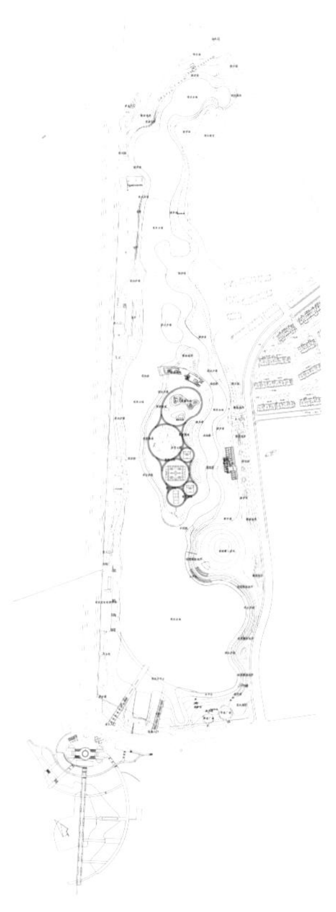

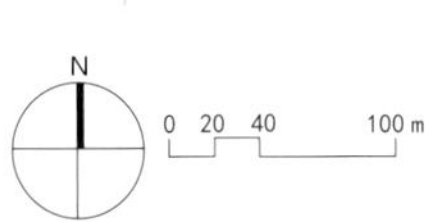

幕燕滨江风光带樱花观赏区建设项目

建筑规模　42 hm^2
设计／竣工　2018/2019 年
建筑地点　江苏·南京

幕燕滨江风光带樱花观赏区建设项目位于幕燕滨江风光带，从五马渡至燕子矶广场段，场地西接幕燕滨江风貌区，南至纬一路，北临长江。本段地理位置优越，全线长 3.5 km，规划面积约42 hm^2。

本项目樱花种植设计理念立足于滨江及背山的大环境，因地制宜，西起五马渡广场，东起燕子矶公园，中间以现有张拉膜广场形成“一线（永济大道）、两带（滨江绿化带、沿山绿化带）、三核心（五马渡广场、燕子矶入口广场和张拉膜广场）、多点（现有休憩平台）”樱花景观空间结构，在此基础上通过置入樱花观赏的功能，形成江面上赏樱的长江游线和滨江风光带陆地环形游线，和远看、近看、俯瞰三个维度的樱花观赏。同时设计充分考虑樱花的观赏特点，从黄色长江色彩—粉白色滨江绿化带—粉红色永济大道—五彩缤纷沿山绿化带—红色幕府山山体的色彩变化出发，滨江绿化带侧边主要种植染井吉野樱，沿山绿化带主要采用林相改造，采用多种花期相近的樱花种植在一起，形成五彩缤纷的樱花山坡的效果。

南京和平公园西园景观设计

建筑规模　8 000 m²
设计/竣工　2017/2018 年
建筑地点　江苏・南京

和平公园西园位于南京市政府门前西侧，北京东路北侧，占地约8 000 m²。公园北侧一条东西向沟渠连接西侧小湖面，现存一处老干部活动的网球场、一处市民跳舞的活动场所、一栋“万字亭”民国建筑（现被某派出所使用）和一个圆形紫藤花架。

设计考虑到公园内植物郁闭度较高、内部空间局促等问题，合理梳理场地内空间，将原有硬质的沟渠更改为自然状态的蜿蜒溪流，结合鸡鸣寺路的樱花特色，打造“樱花溪”。将溪流的两处与湖面连通，结合生态处理措施和内循环系统提高水质。保留民国建筑“万字亭”，将其作为旅游景点，建筑东侧设计中心广场，西侧设计亲水木平台。保留湖面周围的杉树及园内树姿优美的大树，去除杂木和外围灌木，打开视野，形成具有季相变化的绿地，创造一片可游、可赏、可憩的开放空间。

金陵神学院大教堂

建筑规模　5 900 m²
设计/竣工　2015/2017 年
建筑地点　江苏・南京

大教堂位于金陵协和神学院江宁大学城新校区内，是一座独立设计的单体建筑。设计师对教堂的现代社会定位进行再思考，为其赋予新定义。大教堂突破了传统教堂建筑的古典艺术手法，极简地提取其宗教文化元素，强调现代主义建筑形态。作为精神性标志的建筑物，这是一处贴合大众需求的公共空间——人们精神的庇护所。

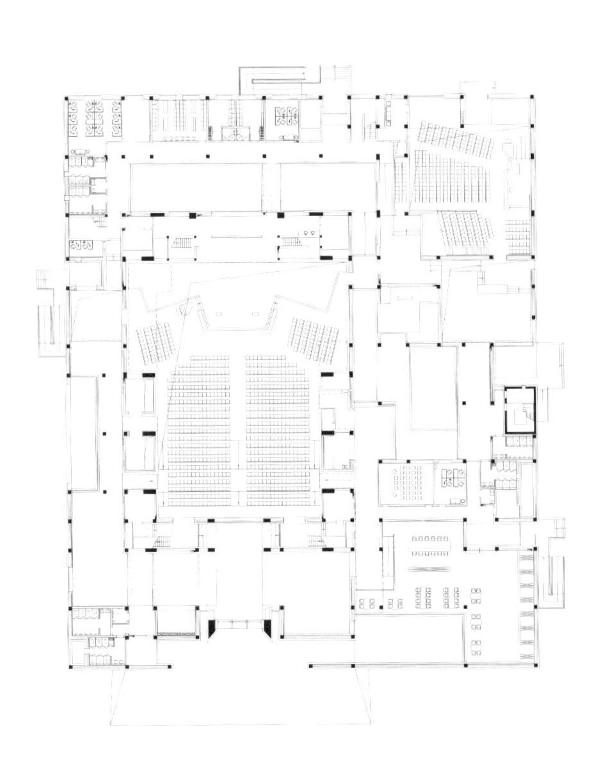

江苏省第二师范学院溧水校区图书馆

建筑规模　25 400 m²
设计／竣工　2016/2019 年
建筑地点　江苏 · 南京

现代化的图书馆早已不再局限于单一的阅读和学习功能，而是融入了社交、会议、文化交流等多重复合的功能。此次的室内空间加入了“临时会议”“视听影音”“休闲茶座”“电子阅览”“活动展区”等功能空间。

图书馆的内部空间延续了建筑设计中严谨、对称、大气统一的“气息”，完全开放的室内空间将多种功能打乱后重新梳理组织，于同一功能空间中叠合多种使用方式，营造出到处有书、随处可坐的轻松环境。空间中大面积地使用白色，将底色留给纯净，局部的木色只做画龙点睛之妙用。

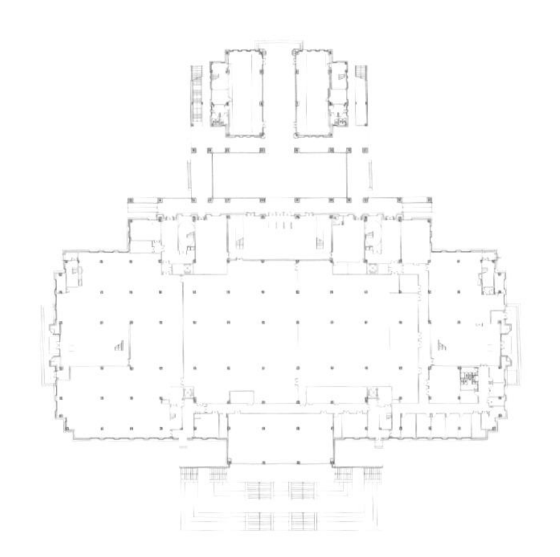

务 台

总 服 务 台

无线谷科技园研发楼

建筑规模　25 817 m²
设计 / 竣工　2016/2020 年
建筑地点　江苏 · 南京

项目位于南京市江宁区，为二期研发楼。该建筑群主要提供无线谷园区服务，功能包含办公、餐饮、咖啡厅、健身等复合业态。室内设计以人为本，突破传统，以大胆创新为原则，力求创造一个简洁、极具创意的工作环境。通过对室内的再创造，使空间规则、交通组织、材料与色彩运用达到高度的和谐统一，为业主提供了一个高效且形象突出的使用空间。

南京城市职业学院溧水校区图书信息中心

建筑规模　12 450 m²
设计 / 竣工　2015/2017 年
建筑地点　江苏 · 南京

图书信息中心位于南京城市职业学院溧水校区东入口与南入口的轴线位置，是整个校园的中心。图书信息中心基本采用开架、藏阅一体的阅读方式，书架与阅读桌椅布置在一起，提高阅读效率。一桌四椅、一桌六椅、组合沙发、台阶式坐凳等多种组合方式的阅读桌椅，为不同情景的阅读提供可能，读者可以更自由地选择阅读的方式，如同在家中一样舒适。桌面设有局部照明和插座，方便读者使用。

本设计也更加注重休闲空间的设置与利用，如书吧的设计，兼具喝咖啡、茶歇、讨论的功能，可安装电视、投影设备，有举办小型讲座、沙龙的可能性，使得图书信息中心整体学习气氛更加活跃。色彩上以黑白灰加木色为主，更符合年轻人的审美，时尚而不失温馨。

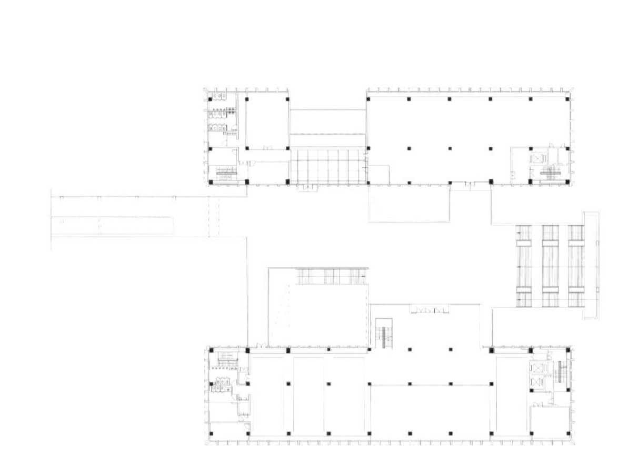

兴化市中医院南亭路院区

建筑规模　138 566 m²
设计 / 竣工　2017/2020 年
建筑地点　江苏 · 泰州

兴化市中医院南亭路院区项目用地位于兴化市城东新区，城市主干道张庄路以东、南亭路以南、站前北路以北、旗杆荡路以西。一期总建筑面积138 566 m²，地上建筑面积92 215 m²。兴化中医院的命名，注定这个建筑从外到内始终要围绕着“中”和“医院”展开。“中”则是中式的或具有中式韵味和意境的设计基调；“医院”则是需要满足医疗空间对环境干净、整洁、耐用、明快的具体要求。两者合之即是本次设计对中医院的解读。

本次方案的建筑设计采用折中主义的现代中式立面设计，总体的平面规划采用园林的布局形式，院落和用房相间布置。本次室内设计也延续建筑的设计思想，把传统的元素用现代的设计语言表达出来。例如把传统的方形藻井、寿字纹样等元素拆解、重组，采用现代的木转印方通材料设计成现代的装饰构架；再如把中药的放置柜、中医的五行平衡理论作为一种语言符号出现在中庭的休息厅背景墙上以及中庭的地面铺贴中，让人一进入这个空间就能感受到中医文化的空间氛围。

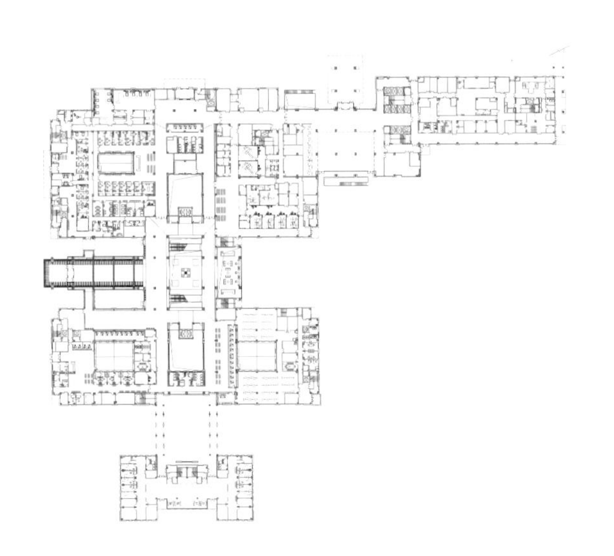

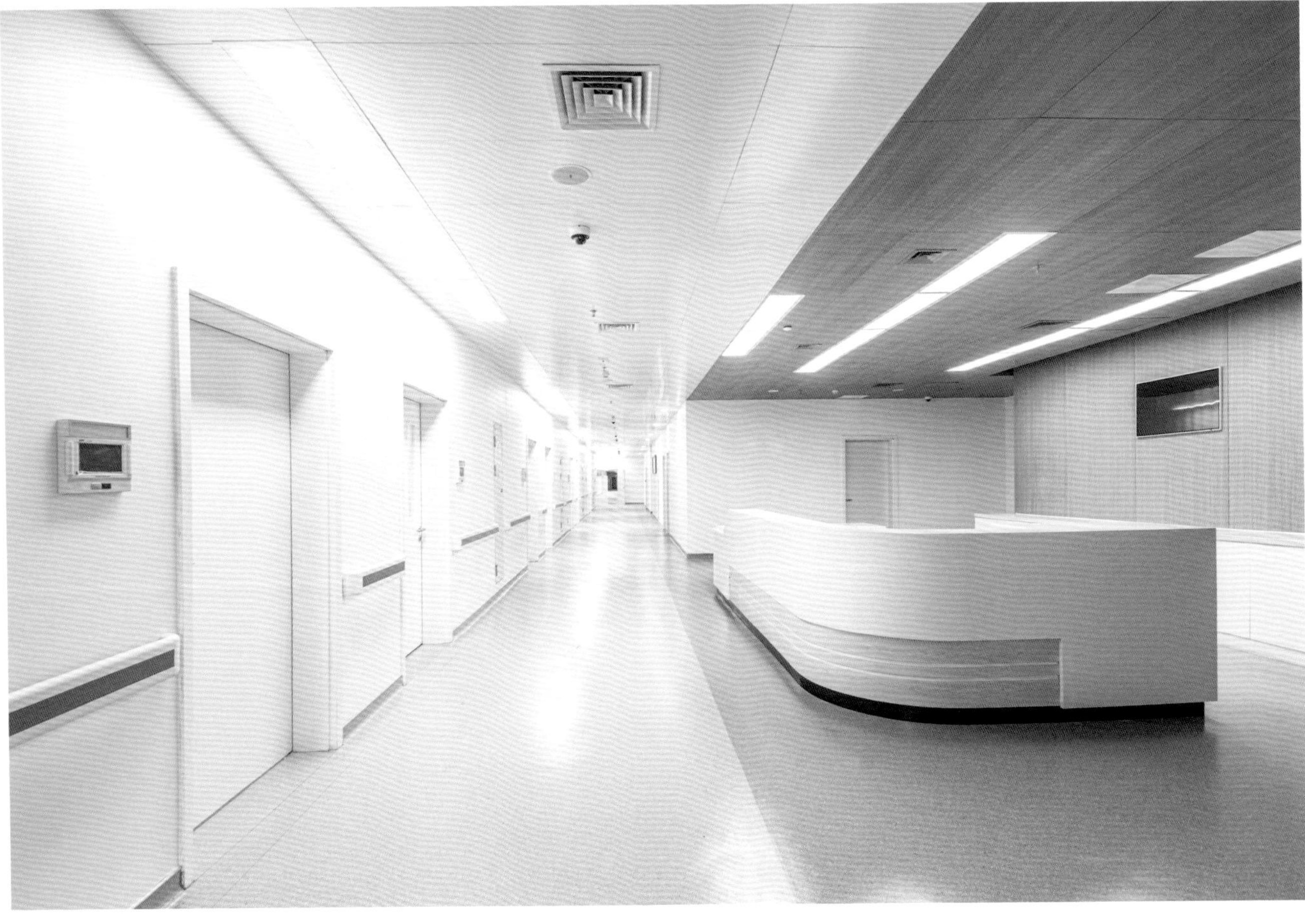

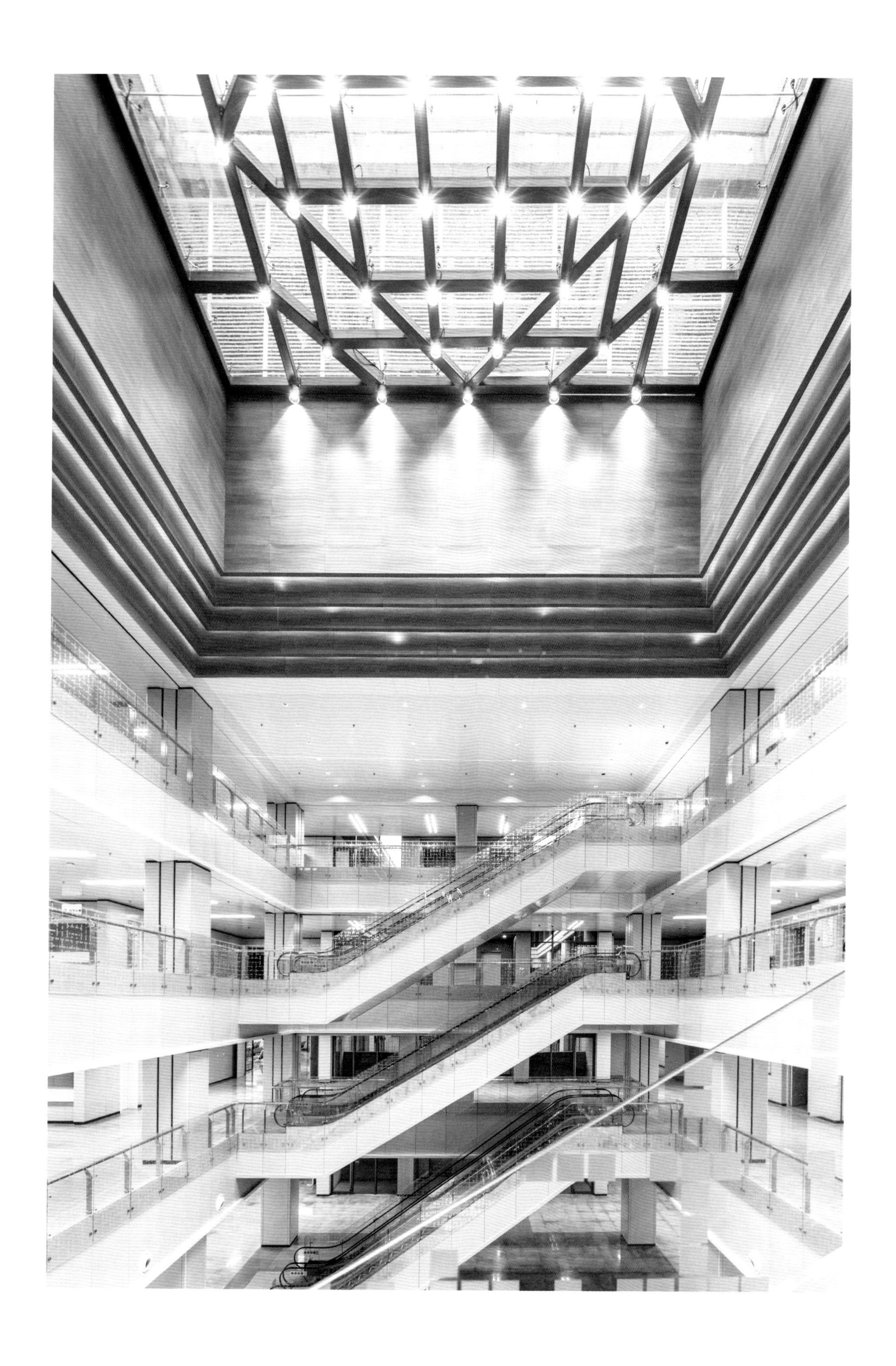

南京紫东地区核心区城市设计

规划面积　22 km²
设计时间　2019—2020 年
建设地点　江苏·南京

紫东地区核心区位于紫东地区中部，面积约22 km²。《南京紫东地区核心区城市设计国际咨询》通过全球公开招标，从74家报名单位、25家投标单位中评出了7家国际一流的入围设计单位。2020年3月，本方案确定为最终优胜方案。2020年12月，城市设计方案完成修改深化，并纳入同步编制的《南京市NJDBd050单元控制性详细规划》，于2021年1月报市政府批复。

在长江经济带和长三角一体化等国家战略背景下，紫东地区将会成为落实国家战略的新高地、宁镇扬同城化的中枢。紫东地区核心区将承担南京市全市东部地区综合服务中心功能，以“创新研发、高端商务会务、文化创意、　教育医疗”为主导功能，并向东辐射至镇江、扬州。紫东地区核心区城市设计以“山水紫东宜居境，创新名城智汇地”为总体设计目标，以建立宁镇扬同城化发展的区域“HUB”为设计理念，通过汇聚与整合周边生态、产业、景观等资源，完善基础设施建设，提升空间环境品质，集中展现江南丘陵地区城市核心区的风貌特色，并辐射带动周边发展，塑造开放包容的宁镇扬同城化发展典范。

南京内秦淮河西五华里滨河地段城市设计

规划面积　22.7 hm²
设计时间　2016—2018 年
建设地点　江苏 · 南京

“十里秦淮”是南京母亲河，与中华路构成南京城市起源发展的关键轴线，其沿河地段成为南京市全域旅游最重要的载体之一，是老城南整体复兴的重要纽带。西五华里指“十里秦淮”的西半段。现状河道狭窄，两岸用地权属复杂，公共认知度偏低，临河开发建设范围局促。城市设计依托既有历史遗存与历史信息，从老城南整体保护展示的角度，串联沿线历史文化资源及生活服务设施，积极塑造南京重要的历史文化线路，提升旅游配套设施品质，同时完善民生服务设施。

在城区层面，提升西五华里与老城南及东五华里的整体关系，建立特色路径，整合滨河区域历史文化资源；在地段层面，结合交通评价优化道路结构、传承历史街巷空间尺度、结合历史解读与商业策划明确功能业态布局，并建立“虚拟地块”有效延续城市传统肌理；在滨河空间层面，建立公共开放、水陆交融、立体衔接的慢行系统，并基于对南京传统建筑要素特征的研究，塑造兼顾传承与创新的滨河风貌，提升空间环境品质与活力。

永年轩酒楼

中华老字号

南京浦口求雨山及周边地段城市设计

规划面积　150 hm²
设计时间　2013—2016 年
建设地点　江苏 · 南京

求雨山核心区是中国书法家协会唯一确立的创作培训基地，同时也是浦口区乃至南京市、江苏省文化建设的重要基地。城市设计以江北新区整体规划设计为背景，以江浦老城和金陵四老文化馆等文化资源为依托，以生态保护和持续培育为前提，将求雨山地段塑造成为以城市历史文化展示、文化旅游、文化产业和城市休闲及商业服务为主体业态，充满活力的综合性公共活动区。在技术方法上，城市设计基于GIS分析景观视线与高度控制关系，塑造山、水、城彼此交互的立体景观特色；基于生态格局、历史格局、景观视线选择建设用地，避开连续山脊、水系和植被密集区，尊重并延续明代江浦老城与其背山（求雨山—凤凰山）的环护关系；探讨复杂地形中城市复合中心快慢交通系统的整合方法，尊重现状地形微起伏特征，营造充满魅力的城市街道空间。

中华书法博物馆

常州凤凰新城城市设计

规划面积　10.39 km²
设计时间　2021 年
建设地点　江苏 · 常州

凤凰新城位于常州市天宁区南部，新老运河萦绕，与武进区、经开区接壤，是创新驱动发展、多区联动融合的重要纽带。规划区生态优渥、产城相拥，但产业革新、城市配套功能完善的诉求强烈，亟待转型升级。在此时代背景下，规划以“研发创新岛、三新示范区”为核心发展目标，以“一岛化四岛、一环穿九珠、双心领发展”为愿景实现路径，以产业为载体，以创新为引擎，以生态水系和特色文化为纽带，通过产城融合、迭代更新，实现产业功能、城市空间、生态要素的高效复合发展，最终形成常州市“产城融合的三新经济新引擎、创新驱动的迭代更新示范岛”。

高邮市总体城市设计

规划面积　90 km²
设计时间　2019 年
建设地点　江苏・扬州

高邮位于江苏省地理几何中心，是世界遗产城市，也是国家历史文化名城。高邮城市文化底蕴深厚，老城格局清晰，水网密布，是我国中小城市中较为典型的“历史文化型水敏城市”。

随着城市建设的快速推进，高邮也面临城、水关系日趋疏离，城市特色逐渐丧失，城市形态无序扩展，新旧城区风貌割裂等突出问题。

针对这些问题，本次总体城市设计，在与高邮市总体规划充分衔接的基础上，综合运用“动・静・显・隐”多源大数据技术方法，对城市发展进行系统研判，进而提出WID滨水空间引导城市发展的理念，以水为脉，城水相融，塑造高邮文化水网特色，引领新时期高邮的新发展，也为城市管理提供更具有适应性和可控性的城市空间模式与整体框架。

盐城伍佑老镇及周边详细城市设计

规划面积　1.67 km^2
设计时间　2020 年
建设地点　江苏 · 盐城

近年来，随着盐城市城市化进程的深入展开，主城区边界不断向南发展，原本处于城市边缘地段的伍佑镇即将成为主城区的一部分，老镇原有的功能定位即将发生转变。同时，盐城市十分重视盐南高新区的建设，伍佑老镇作为盐城市区唯一保存完整的历史片区，是盐南高新区未来的历史文化核心，不但要保护和延续当地的文化遗存，而且要成为传承和弘扬盐城历史、文化的重要载体。

借助盐南高新区南海未来城的新城建设发展契机，如何在有效保护伍佑文化特色和风貌特色的前提下，充分利用历史遗存的价值，融入现代城市发展中去成为亟待解决的课题。在此背景下，盐城市政府决定借整体城市设计编制契机，同步开展伍佑老镇保护规划和周边城市设计工作。

2022 北京冬奥会太子城互通冰雪五环桥

工程规模　左幅 50+100+100+50=300 m
　　　　　右幅 25+60+120+60+25=290 m
设计/竣工　2017/2019 年
工程地点　河北・张家口

冰雪五环桥，即延庆—太子城互通桥，连接延庆至崇礼高速公路河北段和太子城奥运村，是奥运赛场通往外界最便捷的出入口，是本项目的门户所在。互通区位于棋盘梁特长隧道与东梁底特长隧道之间1.7 km狭长的山沟（老虎沟）中，山势较陡，沟宽50~150 m。张家口崇礼区被誉为“华北地区最理想的天然滑雪场”是北京冬奥会雪上项目主要赛场。

方案将奥运主题冰雪元素与桥塔相结合，塑造具有中国文化的标志性景观。分幅错孔布置的斜拉桥方案，刚好能够跨越复杂的地形，与地形和环境完美地契合，并巧妙地形成如同奥运五环交错布置的造型。红黄蓝绿白五色为主要色彩构成，象征中国文化、人类、自然、地球和奥运精神。

威海石家河公园大桥工程

工程规模　主跨 100 m，全长 1 km，桥宽 35 m
设计/竣工　2016/2020 年
工程地点　山东・威海

桥梁位于威海市石家河公园，总长956 m，主桥为钢结构飞鸟式拱梁组合结构，跨径布置为35+40+100+40+35=250 m，总造价2.2亿元。

桥梁方案以海之翼为意象，采用三根高低不同的拱肋，形成富有韵律的展翅造型，将桥梁结构艺术和地域文化充分结合。该大桥是结构、造型和功能的统一体，桥梁的布置和设计同时考虑了周边环境的生态保护和景观协调。

成都绿道桥

工程规模　锦江桥：主跨 102 m，桥长 694 m，桥宽净 7 m
　　　　　成渝高速桥：主跨 72 m，桥长 914 m，
　　　　　桥宽净 6 m
设计/竣工　2017/2019 年
工程地点　四川·成都

成都绿道桥包含锦江桥和成渝高速桥。锦江桥工程位于成都市绕城高速南侧，由西往东依次跨越科华南路（又称红星南路或红星路）、绕城高速收费站入口、锦江以及两次跨越新民西街后与绿道顺接。桥梁全长为694 m，其中第二、四联为主桥部分，上部结构为桅杆式索辅梁桥，第一、三、五、六联为引桥部分，上部结构为连续钢箱梁。

成渝高速桥的设计意象来自芙蓉花。成都市花为芙蓉花，成都又被称为“蓉城”。清朝诗人杨燮在《锦城竹枝词》用“四十里城花作郭，芙蓉围绕几千珠”来描述成都满城芙蓉的盛况。

本桥梁方案采用仿生学设计手法，以蜷曲的芙蓉花花瓣为创作意象，将桥梁的护栏与梁体巧妙地结合为一体，形成一个艺术感强烈的开敞创意空间。在桥面通行廊道交会处设置休憩绿岛，表达以人为本的设计理念。“芙蓉花”设计主题恰当诠释了桥梁优雅、恬淡的自然气质，彰显桥位区悠闲从容的城市田园生活。

五粮特曲 中国特曲

常熟市龙腾特种钢有限公司资源综合利用余气发电项目

工 程 规 模　1×180 t/h 高温超高压再热锅炉 +1×N50 MW 凝汽式汽轮发电机组
设计 / 竣工　2016—2017/2018 年
工 程 地 点　江苏 · 常熟

该项目采用高炉、煤气余热发电，是一个合理利用和节约能源并可保护环境的项目。项目所用的燃料为高炉、转炉煤气，在此项目未建成前，富余高炉煤气大都点火排入大气，不仅没有回收这部分可用能源，而且还污染了环境。项目建成后，每年可供电量为33 696万 kW · h，余气发电相当于年节约10.14万 t标煤。投产后，年消耗高炉煤气量109 224万 Nm^3/a，投资额16 000万元，投资回收年限为3.31年。

项目建成并投产后，不仅减少了以前煤气空排造成的大气污染，而且也减少了其他发电厂三废的排放，保护了环境，符合国家的节能减排政策要求。

马钢热电总厂煤粉锅炉掺烧工业污泥项目

工 程 规 模　5 t/h 的污泥干燥设备
设计 / 竣工　2018/2019 年
工 程 地 点　安徽 · 马鞍山

该项目主要利用东南大学能源与环境学院新近开发并成功应用的污泥处置技术——污泥耙式干燥机（卧式机型）进行设计，在马钢热电总厂建设一套5 t/h的污泥干燥设备，处理从能控中心运来的污泥（最大量80 t/d），年处理污泥约2.4万 t。

该项目的建成投产，将原有直接填埋污泥的方式，改为干燥后送入热电总厂锅炉焚烧，并将焚烧后的烟气和灰渣进行净化和综合处理，避免了原先填埋方式对土壤的污染，利用热电厂原有烟气处理设施，烟气排放满足超低排放标准。对原有的大量湿污泥进行减量处理，取消了直接填埋的方式，避免了污泥对土壤、地下水和大气的污染。由于热电厂距离污水处理站很近，采用封闭自卸车运输避免了污泥在长距离输送中对道路和城市环境的影响。

灌南宏耀环保能源有限公司热电联产项目

工程规模　2×75 t/h 高温高压循环流化床锅炉 +1×CB7.5 MW 抽背式汽轮发电机组
设计/竣工　2019/2020 年
工程地点　江苏·连云港

该项目为灌南县主城供热片区的规划集中供热热源点，年供热量45.7万 t，年供电量 4×10^{7} kW·h。该项目大气污染物排放满足超低排放要求（即：大气污染物排放浓度烟尘≤10 mg/m³、二氧化硫≤35 mg/m³、氮氧化物≤35 mg/m³）。该项目设计中，汽水管道采用三维设计，汽水管道施工图、仪表管道设计、桥架设计等均在PDMS平台中完成。三维设计可减少常规设计中常见的管道、桥架、梁柱间碰撞问题，方便了施工，节省了材料，缩短了安装时间。

项目的建设促进了灌南县主城供热片区的社会、经济发展，加快开发区建设步伐，为国内外投资者营造良好的投资环境，改善开发区的环境质量，提高开发区工业企业的用热质量，保障开发区用热企业的用热安全，降低能源消耗，提高效益，同时促进地区就业。

高压主蒸汽母管至1号

内容提要

本书收录近6年来东南大学建筑设计研究院有限公司在文化、办公、体育、医疗、教育、遗产保护、园林景观、室内设计、城市设计、交通、电力设计等方面的部分项目，结集了公司近年在相关创作方面的部分成果。公司关注标志性工程创作，取得了人民日报社报刊业务综合楼、中国国学中心、金陵大报恩寺遗址博物馆、江苏省园艺博览会（扬州仪征）主展馆等重大工程创作业绩；拓展技术建设布局，交出了青岛市民健身中心、南昌汉代海昏侯国遗址博物馆及展示服务中心、深圳清真寺建设项目等代表作品；积极展开国际交流与合作，与国际知名事务所共同完成了南京金融城、苏州第二图书馆等地标项目。在解读和回顾公司近6年的发展的同时，通过兼顾具有学术性与原创性、专业性与大众性的各类项目，力图为业界同仁、业主客户及大众读者呈现东南大学建筑设计研究院有限公司近年来的优秀作品。

图书在版编目（CIP）数据

东南大学建筑设计研究院有限公司作品选：2015—2021 / 东南大学建筑设计研究院有限公司著. —南京：东南大学出版社，2021.12

ISBN 978-7-5641-9994-4

Ⅰ. ①东… Ⅱ. ①东… Ⅲ. ①建筑设计-作品集-中国-现代 Ⅳ. ①TU206

中国版本图书馆CIP数据核字（2021）第273956号

责任编辑 戴 丽　责任校对 韩小亮　封面设计 皮志伟　责任印制 周荣虎

东南大学建筑设计研究院有限公司作品选：2015—2021

Dongnan Daxue Jianzhu Sheji Yanjiuyuan Youxian Gongsi Zuopin Xuan：2015—2021

著　　者　东南大学建筑设计研究院有限公司
出版发行　东南大学出版社
社　　址　南京四牌楼2号
邮　　编　210096
电　　话　025-83793330
网　　址　http://www.seupress.com
电子邮件　press@seupress.com
经　　销　全国各地新华书店
印　　刷　上海雅昌艺术印刷有限公司
开　　本　787 mm×1092 mm　1/8
印　　张　52.25
字　　数　750千字
版　　次　2021年12月第1版
印　　次　2021年12月第1次印刷
书　　号　ISBN 978-7-5641-9994-4
定　　价　598.00元